Ralf-Peter Prack

# Beeinflussung im Verkaufsgespräch

Wie Sie beim Kunden den
Schalter auf „Kauf" stellen

GABLER

Bibliografische Information Der Deutschen Nationalbibliothek
Die Deutsche Nationalbibliothek verzeichnet diese Publikation in der
Deutschen Nationalbibliografie; detaillierte bibliografische Daten sind im
Internet über <http://dnb.d-nb.de> abrufbar.

1. Auflage 2008

Alle Rechte vorbehalten
© Betriebswirtschaftlicher Verlag Dr. Th. Gabler | GWV Fachverlage GmbH,
Wiesbaden 2008

Lektorat: Barbara Möller

Der Gabler Verlag ist ein Unternehmen von Springer Science+Business Media.
www.gabler.de

Umschlaggestaltung: Nina Faber de.sign, Wiesbaden
Umschlagillustration und Illustrationen im Buch: Ingo Szabo-Reiss,
Dipl.-Designer und Illustrator, www.ingodesign.de
Satz: ITS Text und Satz Anne Fuchs, Bamberg
Druck und buchbinderische Verarbeitung: Wilhelm & Adam, Heusenstamm
Gedruckt auf säurefreiem und chlorfrei gebleichtem Papier
Printed in Germany

ISBN 978-3-8349-0630-4

# Liebe Leserin, lieber Leser,

Sie halten eine Bedienungsanleitung für die gefährlichsten Waffen unserer Kommunikation in den Händen. Behandeln Sie dieses Buch daher mit einem gewissen Respekt. **Die stärksten Waffen der Kommunikation sind Beeinflussungstechniken** – Techniken, die Ihren Kunden zu einer Kaufhandlung „zwingen".

Sie benötigen diese Waffen und auch die Anleitung zum Umgang mit ihnen, um als Verkäuferin oder Verkäufer zu bestehen. In Ihrem Beruf spielt das Verkaufsgespräch eine bedeutende Rolle. Oder besser: Das Verkaufsgespräch prägt Ihren Beruf, und die Ergebnisse eines jeden einzelnen Verkaufsgesprächs, die Verkaufszahlen, entscheiden über Ihren Erfolg oder Misserfolg.

Kennzeichnend für unsere heutige Gesellschaft sind Käufermärkte. Sie zeichnen sich durch einen Angebotsüberhang aus; häufig können die Bedürfnisse der Kunden von verschiedenen Unternehmen in adäquater Form befriedigt werden. Durch diese Verschärfung des Wettbewerbs wird es für Sie zunehmend schwieriger, Ihre Produkte zu verkaufen. Sie müssen daher immer besser sein als der andere Verkäufer oder die andere Verkäuferin mit dem gleichen Produkt – nur von einem anderen Unternehmen –, die ebenfalls Kontakt zu Ihrem Kunden aufnehmen.

**Dieses Buch zeigt Ihnen, wie Sie immer der oder die bessere sind!**

Um im Verkauf erfolgreich zu sein, müssen Sie die Bedürfnisse des Kunden erkennen, Sie müssen fachlich kompetent sein, sich mit Ihren Produkten identifizieren und last, but not least: **Sie müssen verkaufen können!**

Welcher Verkäufer oder welche Verkäuferin kennt das nicht? Sie haben gerade eine super Beratung durchgeführt, das Gespräch lief aus Ihrer Sicht klasse und trotzdem kauft Ihr Kunde woanders. Oder er kauft gar nicht und hält Sie hin. Sie fassen nach und Ihr Kunde antwortet: *„Ich muss noch überlegen."* Und das Überlegen dauert so lange, bis Sie ihn vergessen haben. Doch noch bevor Sie den Kunden vergessen, werden Sie von folgenden Gedanken gequält: *„Mensch, wenn der das diesen Monat noch machen würde, dann hätte ich meine Zahlen drin. Ich kann* *aber nicht jeden Tag anrufen, sonst ist der noch genervt und kauft woanders. Ich warte lieber noch einmal ab."* Doch eines Tages fassen Sie sich ein Herz und rufen an. Sie erhalten folgende Antwort: *„Ich bin noch nicht dazu gekommen, mir Ihr Angebot anzuschauen. Ich rufe Sie an, rufen Sie mich nicht an."* Und das war es dann!

Wollen Sie sich dem noch weiterhin aussetzen? Nein! Und Sie haben dazu das einzig Richtige getan: Sie haben dieses Buch gekauft. Nach der Lektüre werden die hier beschriebenen Probleme eines Verkäufers nicht mehr zu Ihrem Alltag gehören!

Sie erfahren zunächst, wieso Ihr Kunde anfällig für Beeinflussungstechniken ist. Dann lernen Sie den Stellenwert des Verkaufsgespräches innerhalb der Marktkommunikation Ihres Unternehmens einzuschätzen und lesen, welche Bedeutung Sie als Verkäufer in Ihrem Unternehmen haben. Im Anschluss geht es darum, wie ein Verkaufsgespräch strukturiert ist. In den Kapiteln 3 bis 8 werden die einzelnen Beeinflussungstechniken ausführlich vorgestellt. Gleichzeitig bekommen Sie konkrete Tipps an die Hand, wie Sie diese in den jeweiligen Phasen des Verkaufsgespräches anwenden.

Sicherlich kennen Sie die eine oder andere Beeinflussungstechnik aus Seminaren oder anderen Büchern. Dieses Buch gibt Ihnen jedoch nicht einfach nur Handlungsanweisungen, sondern erklärt Ihnen auch, wie Ihr Kunde tickt.

Denn nur, wenn Sie das Uhrwerk und die einzelnen Stellschrauben wirklich kennen, sind Sie in der Lage, daran zu drehen. Ich habe die Erfahrung gemacht, dass in Seminaren und Büchern nie vermittelt wurde, warum gerade jetzt eine entsprechende Technik anzuwenden ist. Genau deshalb werden Verkaufstechniken in der Praxis kaum eingesetzt. Nach der Lektüre dieses Buches werden Sie gar nicht umhin kommen, die Beeinflussungstechniken zu nutzen, da in jedem künftigen Verkaufsgespräch ein Mensch vor Ihnen sitzt, den Sie von nun an ticken hören. Sie müssen nur noch die entsprechenden Schalter drücken und den Kunden in Richtung Kauf „ticken" lassen.

Der Psychologe Robert B. Cialdini, Psychologie-Professor an der Arizona State University, nennt in seinem Buch „Die Psychologie des Überzeugens – Ein Lehrbuch für alle, die ihren Mitmenschen und sich selbst auf die Schliche kommen wollen" folgende Schalter, die den Menschen beeinflussen:

► Sympathie,
► Reziprozität,
► soziale Bewährtheit,
► Orientierung an Autoritäten,
► Konsistenz.

Cialdini beschreibt diese Kaufschalter ganz eindeutig als „Waffen der Einflussnahme".

Mit anderen Worten: Cialdini hat mit seinem Buch die Waffen geliefert, in diesem Buch lernen Sie den Umgang mit diesen Waffen im Verkaufsgespräch. Sie werden während der Lektüre feststellen, dass die einzelnen Beeinflussungstechniken sehr eng miteinander verknüpft sind und sich die Durchschlagskraft von Kapitel zu Kapitel erhöht – bis Sie schließlich ein „Scharfschütze im Verkaufsgespräch" sind.

*„Zieh, Verkäufer, zieh! Zieh und schieße scharf!"*

Noch ein Hinweis: Liebe Verkäuferin, bitte sehen Sie es mir nach, dass ich künftig nur noch von Verkäufern spreche. Dies ist keine Diskriminierung. Es ist lediglich einfacher! Und nun viel Spaß bei der Lektüre!

# Inhalt

# 1. Das automatische Verhalten des Menschen und seine Auslöser

Der Mensch ist ein Gewohnheitstier. Menschen handeln in verschiedenen Situationen oder auf verschiedene Reize nach bestimmten Gewohnheiten – sie bewältigen also bestimmte Situationen immer nach dem gleichen Handlungsmuster.

Kennt man die Situationen, in denen Menschen immer die gleichen Handlungsmuster ausführen, kann man ihr Verhalten im Vorfeld eben dieser Situationen voraussagen. Kennt man nicht nur die Situationen und Reize, sondern ist darüber hinaus in der Lage, diese auszulösen, so kann man das Verhalten der Menschen sogar steuern. Mit anderen Worten: **Menschen werden durch bestimmte Situationen und Reize in ihrem Handeln beeinflusst.**

Wir alle sind schon Beeinflussungsversuchen erlegen und haben bestimmte Handlungen ausgeführt, die von Dritten initiiert wurden. Die Instrumente der Beeinflussung werden in der Wissenschaft als Sozialtechniken bezeichnet. Dies sind Techniken, die das Handeln der Menschen beeinflussen. Mit Hilfe von Sozialtechniken werden ökonomische, politische wie auch private Ziele erreicht. Die Spuren der Anwendungen solcher Beeinflussungstechniken lassen sich bis weit in die Geschichte zurückverfolgen.

In der antiken Rhetorik, in Niccolò Machiavellis Hauptwerken „Der Fürst" und den „Discorsi" im 16. Jahrhundert wie auch bei dem Verführer Casanova (1725-1798) finden sich Hinweise auf die Anwendung von Beeinflussungstechniken. Die antike Rhetorik verhalf dem Redner zu Ansehen und Macht. In den Reden stand nicht immer Wahrheit und Wissen im Vordergrund, sondern Schein und Meinung, die durch geschickte Redewendungen auf die Zuhörer übertragen wurden. Der Staatstheoretiker Machiavelli (1469-1527) schrieb seine Werke als Anleitung zur Verhaltensbeeinflussung der Untertanen in einem Staat. Casanova nutzte Beeinflussungstechniken zur Eroberung des weiblichen Geschlechts[1].

In den folgenden Kapiteln lernen Sie die stärksten Beeinflussungstechniken kennen, die im Verkauf angewendet werden. Zum besseren Verständnis werden zunächst die allgemeinen Hintergründe des menschlichen Verhaltens erläutert. Sie werden verstehen, warum der Mensch in bestimmten Situationen und auf bestimmte Reize hin nach festen Schemata und Handlungsmustern agiert. Der Mensch hat einen eingebauten Autopiloten, der ein mechanisches, roboterähnliches Handeln hervorruft, ohne dass dieses Handeln durch den Handelnden kritisch hinterfragt wird. Nach der Lektüre dieses Buches werden Sie den Autopiloten des Käufers aktivieren und die Zielkoordinaten des Kunden auf „Kauf" stellen können.

## Der menschliche Autopilot

Sozialtechniken der Beeinflussung sind Instrumente zur Steuerung des menschlichen Verhaltens. Es handelt sich um von außen kommende Beeinflussungen. Eine Beeinflussung ist immer nur dann möglich, wenn Ihr Gesprächspartner die Beeinflussung nicht kontrolliert – also kritisch hinterfragt – und demnach auch nicht als Beeinflussungsversuch erkennt. Eine Beeinflussung ist auch nur dann als eine solche zu bezeichnen, wenn sie zwanghaft wirkt. Der mit der Beeinflussungstechnik von Ihnen verfolgte Zweck – nämlich der Kaufzwang – tritt dann automatisch ein[2].

Kritische Kontrollen werden dann ausgeschaltet – und der Autopilot eingeschaltet — wenn der Mensch bei der Informationsverarbeitung überfordert ist. Wir sind heute einer rasanten Informationsflut ausgesetzt; das ist eine Folge des technischen Fortschritts und der immer schneller werdenden Kommunikation. Das breite Angebot an Tageszeitungen, das Internet, das Mobiltelefon, der elektronische Timer und insbesondere das leichte Überwinden von geographischen Grenzen durch eben diese verbesserten Informationstechnologien sind nur einige Beispiele dafür, wie die menschliche Informationsverarbeitung beansprucht wird. Sie ist jedoch hinsichtlich ihrer Aufnahmefähigkeit biologisch begrenzt.

Der Mensch kann nicht alle Informationen aufnehmen und verarbeiten. Das Gehirn – und damit die Steuerzentrale des Menschen – würde wie ein überlasteter Computer abstürzen. Um einen solchen Systemabsturz zu vermeiden, hat der Organismus Wahrnehmungsstrategien entwickelt, die zur Entlastung die eingehenden Informationen selektieren. Eine wichtige Rolle dabei, Informationen zu reduzieren, spielen Reaktionsmuster und Schemata. Diese Konstrukte zur Entlastung der Informationsverarbeitung machen sich Beeinflussungstechniken zunutze[3].

Reaktionsmuster und Schemata sind die Werkzeuge von Sozialtechniken der Beeinflussung. Es handelt sich um feste Handlungsmuster, die immer wieder in der gleichen Form und Reihenfolge ablaufen[4]. So können Menschen in einer komplexen Umwelt schnell und intuitiv auf einen einfachen Auslösemechanismus hin reagieren. Es handelt sich dabei um die einfachste Form der Verhaltenssteuerung. Durch bestimmte Reize, wie Farben, Figuren und Töne, wird ein reaktives, also automatisches Verhalten ausgelöst[5].

Das instinktive Gebietsverteidigungsverhalten von Tieren ist ein typisches Beispiel. Instinkt ist ein angeborenes und festgelegtes Verhaltensmuster, das als Reaktion auf einen ebenfalls festgelegten auslösenden Reiz aktiviert wird[6]. Der Auslöser für das automatische Reaktionsmuster „Aufpassen, drohen und gegebenenfalls kämpfen" ist dabei nicht der Rivale in der Tierwelt als Ganzes, sondern nur ein bestimmtes Merkmal wie ein Farbton oder spezielle Lautäußerungen.

Solche automatischen Reaktionsmuster finden sich auch in menschlichen Verhaltensweisen wieder. Sie sind jedoch eher gelernt als angeboren und können daher durch eine größere Anzahl von Auslösern hervorgerufen werden[7]. Grundlegende Lernmechanismen, wie die klassische Konditionierung, sind die Ursache dafür, dass sich die Menge von Auslösemerkmalen für unwillkürlich ablaufendes, stereotypes Verhalten erhöht[8]. Stereotype Verhaltensweisen sind notwendig, da der Mensch nicht in der Lage ist, alle Ereignisse und Situationen in allen Einzelheiten zu analysieren. Er muss sich vielmehr auf einfache Reaktionsmuster wie etwa Faustregeln verlassen. Eine häufige Faustregel beim Menschen ist die Annahme, dass teure Produkte auch qualitativ hochwertige Produkte sind oder umgekehrt: „Kostet nix, ist auch nix!".

Eine andere Form, um die Informationsverarbeitung zu vereinfachen, sind Schemata. Sie sind komplexer als einfache Faustregeln. Schemata sind Prototypen und stereotype Vorstellungen von Objekten und Personen. In diesem Zusammenhang wird von statischen Schemata gesprochen[9]. Beispielsweise neigen wir dazu, unsere Mitmenschen in soziale Kategorien einzuordnen. Diese sind möglicherweise der Beruf, das Geschlecht, ethnische Zugehörigkeit oder auch die Nationalität. Die sozialen Kategorien veranlassen uns dazu, aus der oberflächlichen Erscheinung eines Menschen tiefgründige essenzielle Persönlichkeitseigenschaften abzuleiten[10]. Soziale Kategorien verleiten somit dazu, spezifische Aussagen über Personen zu treffen, die einer bestimmten sozialen Kategorie zugeordnet werden können.

**Beispiel**

Ordnen Sie den folgenden sozialen Kategorien Persönlichkeitseigenschaften zu.

| Soziale Kategorie | Persönlichkeitseigenschaft |
|---|---|
| männlich | |
| deutsch | |
| akademischer Titel (Dr.) | |
| Rechtsanwalt | |

*Tabelle 1: Soziale Kategorien und Persönlichkeitseigenschaften*

Bei dieser Übung werden Sie sehr schnell erkennen, dass Ihnen Ihr Autopilot durchaus positive Persönlichkeitseigenschaften für diese fiktive Person vorgegeben hat, etwa: Ehrenhaftigkeit, Unbestechlichkeit, Aufrichtigkeit und Verbindlichkeit. Ich bin jedoch sicher, dass die Vorgaben Ihres Autopiloten zu den Persönlichkeitseigenschaften dieser fiktiven Person auf viele reale Personen nicht zutreffen bzw. sogar genau dem Gegenteil entsprechen. In solchen Fällen hätte Ihr Autopilot Ihnen einen Streich gespielt.

Neben solchen statischen Schemata, die sich auf Personen und Objekte beziehen, gibt es auch dynamische Schemata[11]. Dynamische Schemata sind Prozesse, die sich im täglichen Leben wiederfinden. Sie werden in der wissenschaftlichen Fachliteratur häufig als Skripts oder Ereigniskonzepte bezeichnet. Das morgendliche Aufstehen, der Gang zur Arbeit und das Autofahren sind immer wiederkehrende stereotype Ereignisse, die sich aus verschiedenen Teilereignissen (Kategorien) zusammensetzen. Es handelt sich dabei um die routinemäßigen Tätigkeiten des Alltags[12]. Sie werden fast beiläufig durchgeführt, ohne im Bewusstsein aufzutauchen.

Feste Handlungsmuster beziehen sich somit auf komplexe Verhaltensabläufe. Ein Restaurantbesuch setzt sich beispielsweise in der Regel aus den Kategorien Betreten des Restaurants, Bestellung aufgeben, Essen sowie Verlassen des Restaurants zusammen. Diese Kategorien können wiederum in detailliertere Teilereignisse unterteilt werden. Die Kategorie „Betreten des Restaurants" setzt sich aus den Teilereignissen Durchschreiten der Tür des Restaurants, Suche nach einem freien Tisch, Wahl des Tisches und Wahl der Sitzpositionen zusammen. So kann ein Restaurantbesuch bis ins letzte Detail vorausgesagt werden. Jeder Mensch spult automatisch die jeweiligen Teilereignisse – wie von einem Autopiloten ferngesteuert – ab[13].

Autofahren ist ein weiteres und vielleicht eines der deutlichsten Beispiele für unseren im Gehirn eingebauten Autopiloten. Das Einsteigen, das Angurten, das Starten des Wagens, das Kuppeln, das Einlegen der Gänge – all diese Tätigkeiten führen Sie mechanisch durch. Fast wie ein Roboter. Die einzelnen Handlungen sind Ihnen so in Fleisch und Blut übergegangen, dass Sie sogar während der Fahrt andere Dinge, wie das Telefonieren über die Freisprechanlage, die gedankliche Vorbereitung auf einen anstehenden Verkaufstermin oder lediglich das Hören der Musik im Radio, bewältigen können.

Solche routinemäßigen Tätigkeiten des Alltags sind maßgeblich für die Steuerung des menschlichen Verhaltens verantwortlich, wenn

► der Mensch eine stabile innere Vorstellung von diesem Handlungsmuster hat (er kann Auto fahren),
► eine Situation vorhanden ist, die im Kontext mit diesem steht (er sitzt im Auto) und

► das Individuum in das Handlungsmuster „einsteigt" (er will fahren)[14].

Übertragen auf unser Thema bedeutet dies:

► Der Kunde ist in der Lage, den Kaufpreis zu bezahlen,
► er hat ein Bedürfnis, das Sie befriedigen können, und befindet sich mit Ihnen in einem Verkaufsgespräch,
► Sie helfen dem Kunden beim „Einsteigen" in das Handlungsmuster „Kaufen", indem Sie Beeinflussungstechniken nutzen.

---

### Der menschliche Autopilot

Der Mensch ist heute einer rasanten Informationsflut ausgesetzt. Deshalb hat der Organismus Strategien entwickelt, die die eingehenden Informationen selektieren und im Unterbewusstsein ein automatisches, mechanisches Verhalten hervorrufen. Der menschliche Autopilot wird durch einfache Reaktionsmuster (Faustregeln), statische und dynamische Schemata eingeschaltet. Er ist ein sinnvolles Mittel, um der Reizüberflutung aus der Umwelt zu begegnen.

---

Ein Beispiel aus der Wirtschaft, wie der Autopilot des Menschen gesteuert werden kann: Die Whiskeymarke Chivas Regal nutzte geschickt die Faustregel, dass teure Produkte gute Produkte sind. In einer Phase erheblicher Absatzschwierigkeiten entschied die Unternehmensführung, den Preis drastisch über den der Wettbewerber zu setzen, ohne das Produkt zu verändern. Die Folge: Aufgrund dieser Maßnahme konnte das Unternehmen einen erheblichen Absatzzuwachs verzeichnen[15].

# Der Klick-Spul-Effekt

*„Jetzt rechts, dann links und immer Richtung ‚Kaufen'!"*

Es gibt also Situationen oder Schalter, die bestimmte Handlungen beim Menschen auslösen. Kennen Sie die Schalter, die die Handlung „Kauf" auslösen, dann sind Sie als Verkäufer guter Produkte unschlagbar! Robert B. Cialdini nennt als die wichtigsten Schalter, mit deren Hilfe Sie die Zielkoordinaten des Autopiloten beim Kunden auf „Kauf" stellen können:

▶ Sympathie,
▶ Reziprozität,
▶ soziale Bewährtheit,
▶ Orientierung an Autoritäten,
▶ Konsistenz.

Neben diesen genannten Kaufschaltern spielen noch spontane Einordnungen und Beurteilungen wahrgenommener Reize eine Rolle[16].

Diese Schalter müssen Sie beim Kunden nur noch so geschickt betätigen, dass sich das Handlungsmuster „Kaufen" abspielt!

Cialdini umschreibt diesen Prozess mit den Worten „Klick, Surr!"[17] „Klick" – Sie drücken den Schalter, „Surr" – der Kunde spult das Band „Kaufen" ab. Wir sprechen im Folgenden vom „Klick-Spul-Effekt".

---

**Der Klick-Spul-Effekt**

Sie drücken die Kaufschalter „Sympathie", „Reziprozität", „soziale Bewährtheit", „Orientierung an Autoritäten" und „Konsistenz" (Klick). Der Kunde spielt das Handlungsmuster „Kaufen" ab (Spul).

---

Betrachten wir zunächst die Rahmenbedingungen der Beeinflussung – nämlich die jeweilige Situation, in der Sie die Beeinflussung durchführen sollen. Diese Rahmenbedingungen bildet das Verkaufsgespräch.

# 2. Das Verkaufsgespräch und seine Phasen

## Bedeutung der persönlichen Kommunikation in Ihrem Unternehmen

Sie als selbstständiger Unternehmer oder Ihr Unternehmen als Ihr Arbeitgeber unterteilen die Instrumente zur Förderung des Absatzes – die Marketinginstrumente – in die Produkt-, Preis-, Distributions- und Kommunikationspolitik[18].

Die **Produktpolitik** beinhaltet die Gestaltung des Produkts bzw. der Dienstleistung, die Sie verkaufen. Die **Preispolitik** eines Unternehmens legt die Preise im weiteren wie auch im engeren Sinne fest. Hier wird entschieden, ob Sie als Verkäufer ein hochpreisiges oder ein Wirtschaftsgut im unteren Preissegment verkaufen und wie teuer es letztendlich für den jeweiligen Kunden wird. Die Logistiker Ihres Unternehmens sind für alle Entscheidungen innerhalb der **Distributionspolitik** zuständig. Sie legen den optimalen Weg Ihres Produkts oder Ihrer Dienstleistung zum Kunden fest. Die **Kommunikationspolitik** entscheidet über die Kundenansprache zum Zweck des Absatzes. Ihr Unternehmen hat sich im Rahmen der Kommunikationspolitik u. a. für den Absatz über den persönlichen Verkauf entschieden.

Die persönliche Kundenansprache zum Zweck des Absatzes kann über zwei Wege erfolgen: über Empfehlungen der Kunden untereinander oder über den persönlichen Verkauf. Die persönliche Kommunikation hat einen besonderen Stellenwert in jedem Unternehmen. Sie ist wesentlich wirkungsvoller als alle Formen der Massenkommunikation wie Internet, TV oder Printmedien[19]. Sie als Verkäufer sind also das Sprachrohr Ihres Unternehmens!

> **Merke**
>
> Die persönliche Kommunikation – also das persönliche Gespräch – ist das wichtigste Instrument Ihres Unternehmens, um mit dem Kunden in Kontakt zu treten!

Dass die persönliche Kommunikation – und damit auch der persönliche Verkauf – so wirkungsvoll ist, liegt daran, dass der Kunde die Information besser aufnehmen kann und dass Sie beide sich flexibler austauschen können. Der Konsument ist einer Flut von Informationen ausgesetzt, seine Aufnahmefähigkeit ist jedoch begrenzt. Durch die persönliche Kommunikation lenken Sie seine Aufmerksamkeit gezielt auf die dargebotenen Inhalte. Gleichzeitig können Sie während des Gesprächs genau auf die Fragen eingehen, die der Kunde aktuell hat[20]. Ihre Verkaufsgespräche werden umso effizienter, je mehr Know-how Sie als Verkäufer darüber haben, wie solche Gespräche geführt werden müssen.

## Bedeutung der Verkäufer in Ihrem Unternehmen

Die Kommunikation der Kunden untereinander besitzt eine hohe Glaubwürdigkeit, da die Gesprächspartner im Allgemeinen nicht, wie Sie als Verkäufer, kommerziell motiviert sind. Hier geht es um die notwendigen Empfehlungen, die es Ihrem Unternehmen und Ihnen ermöglichen, langfristig am Markt zu bestehen.

Die Beziehung zwischen Ihnen und dem Kunden ist, was die Glaubwürdigkeit angeht, von Beginn an immer negativ belastet. Dem Kunden ist bewusst, dass ein Verkäufer primär verkaufen will und daher negative Äußerungen über das Produkt tunlichst vermeidet. Kunden sind in der Regel bemüht, dieses Misstrauen nicht zum Ausdruck zu bringen. Beide Parteien können somit zunächst nicht mit einer bedingungslosen Ehrlichkeit des anderen rechnen[21].

Jedes Unternehmen benötigt jedoch zum Überleben nun einmal Verkäufe. Sie als Verkäufer haben deshalb eine besondere Verantwortung.

---

**Merke**

Für Ihr Unternehmen sind Empfehlungen – also Kundenzufriedenheit – besonders wichtig. Gleichzeitig ist der Absatz für jedes Unternehmen mindestens genauso wichtig. Ihr Unternehmen hat Sie mit der Sicherstellung beider Ziele beauftragt. **Verkäufer sind daher die wichtigsten Mitarbeiter von Unternehmen!**

---

Sie starten das Rennen um Leben und Tod immer mit einem Rückstand beim Kunden und müssen sofort alles tun, um das Ungleichgewicht in der Beziehung Kunde – Verkäufer auszubügeln. Nutzen Sie die ungeteilte Aufmerksamkeit Ihres Kunden. Neben den Sachinformationen über Ihr Produkt helfen Ihnen die Beeinflussungstechniken dabei.

---

**Tipp**

Vergessen Sie nie, dass sowohl Ihr Produkt als auch die Beeinflussungstechniken für den Verkauf maßgeblich sind. **Die Anwendung von Beeinflussungstechniken ist ein zweischneidiges Schwert.** Kauft der Kunde nur aufgrund Ihrer Beeinflussungsversuche, dann sind Sie sicherlich ein Top-Verkäufer, die Kundenzufriedenheit nach dem Kauf bleibt allerdings auf der Strecke. Ist der Kunde unzufrieden, erhalten Sie keine weiteren Empfehlungen und Sie und Ihr Unternehmen werden langfristig nicht am Markt bestehen! Wenden Sie daher Beeinflussungstechniken nur dann an, wenn Sie sicher sind, dass Sie den Kunden nach dem Kauf dauerhaft zufriedenstellen können.

---

Als Verkäufer tragen Sie nicht nur maßgeblich zum Überleben Ihres Unternehmens im Wettbewerb bei, Sie sind auch ein wichtiger Konfliktlöser. Bei Verkaufsgesprächen treten für den Kunden drei unterschiedliche Konfliktsituationen auf: **der Absichts-,**

**der Auswahl- und der Kaufentscheidungskonflikt**[22]. Diese Konflikte des Kunden, die in der Gesprächseröffnungs-, der Argumentations- und der Abschlussphase des Verkaufsgesprächs[23] ausgetragen werden, müssen Sie lösen. Die folgenden Kapitel erläutern die einzelnen Konflikte in den jeweiligen Phasen des Verkaufsgespräches; im Anschluss lernen Sie die wichtigsten Lösungswege in Form von Beeinflussungstechniken kennen.

## 2.1 Gesprächseröffnungsphase

Die Gesprächseröffnungsphase wird durch den **Absichtskonflikt** des Kunden gekennzeichnet. In dieser Situation stehen Sie einem noch unsicheren Kunden gegenüber. Der Käufer weiß noch nicht, ob und was genau er kaufen möchte. Sie sind in dieser Phase daher weniger darum bemüht, ein Angebot zu präsentieren, sondern vielmehr darum, die Unverbindlichkeit zu unterstreichen. Ferner müssen Sie in diesem Konflikt die Sympathie und das Vertrauen des Kunden aufbauen. Außerdem müssen Sie das Interesse des Kunden wecken und seine Informationssuche unterstützen[24]. In der Gesprächseröffnungsphase werden die Weichen für den Erfolg bzw. Misserfolg des Verkaufsgesprächs gestellt. Der Kunde entscheidet innerhalb der ersten zwei bis sechs Minuten, in welchem Maße er Ihnen Vertrauen oder Misstrauen entgegenbringt[25]. Kurzum: Sie müssen für eine angenehme Gesprächsatmosphäre sorgen, einen positiven Ersteindruck vermitteln und den Bedarf des Kunden durch offene Fragen ergründen. Die Bedürfnisanalyse der Gesprächseröffnungsphase stellt den Übergang zur Argumentationsphase dar.

## 2.2 Argumentationsphase

Während die Gesprächseröffnungsphase eher emotionale Aspekte beinhaltet, wägt der Kunde in der Argumentationsphase in erster Linie rational ab, welches Produkt oder welche Dienstleistung für ihn in Frage kommt. Diese rationalen Überlegungen des Käufers kennzeichnen den **Auswahlkonflikt**[26]. Die Argumentationsphase ist im Gegensatz zur Gesprächseröffnungsphase sehr komplex. Sie nimmt in der Regel die meiste Zeit ein. Da die Informationsverarbeitung des Menschen jedoch begrenzt ist, spielt der Anfang-Ende-Effekt hier eine wichtige Rolle. Zu Beginn und am Ende eines Gesprächs ist die Menge der vom Zuhörer behaltenen Informationen am größten. Setzen Sie daher die wichtigsten positiven Argumente an den Anfang[27].

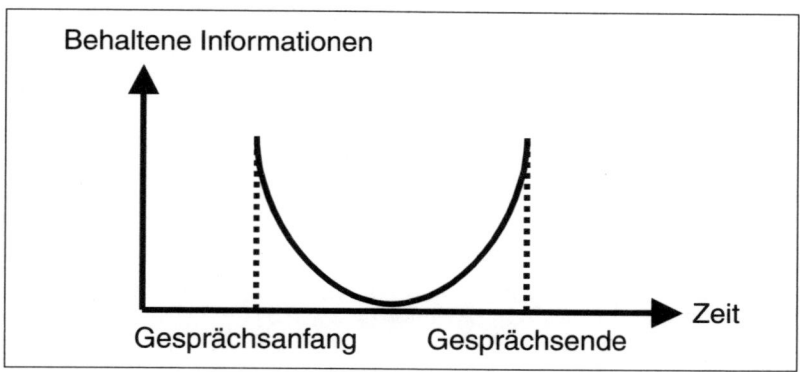

Abbildung 1: Anfang-Ende-Effekt, Quelle: Weis (1994), S. 179

Beurteilt der Kunde etwas kritisch, lassen Einwände nicht lange auf sich warten. Werten Sie diese Kundeneinwände als positives Zeichen dafür, dass der Kunde sich mit Ihrem Produkt oder Ihrer Dienstleistung auseinandersetzt. So vermeiden Sie Frustration und Sie stimulieren sich, treffende Argumente gegen den Einwand zu finden. Wenn Sie dann erfolgreich argumentiert und alle Einwände behandelt haben, beginnt die Abschlussphase des Verkaufsgesprächs.

## 2.3 Abschlussphase

In der Abschlussphase müssen Sie den **Kaufentscheidungskonflikt** lösen. Er ist der „Stolperstein des Entschlusses". Der Kunde empfindet subjektiv immer ein Entscheidungsrisiko[28]. Sie erkennen den Moment, in dem er diesem Konflikt ausgesetzt ist, daran, dass er Kaufsignale an Sie sendet. Dies sind beispielsweise Fragen nach dem Preis, nach Lieferfristen und Garantiebedingungen sowie nonverbale Signale – er wechselt die Haltung, atmet tief durch oder greift nach dem Kaufobjekt. Achten Sie genau auf solche Kaufsignale, denn wenn sie auftauchen, befinden Sie sich sofort in der Abschlussphase[29].

In den folgenden Kapiteln lernen Sie die verschiedenen Schalter kennen, mit denen Sie das Verkaufsgespräch zu einem guten Abschluss bringen. Los geht's mit dem Kaufschalter „Sympathie".

# 3. Kaufschalter „Sympathie":
# Ich mag Dich, also kauf ich

Zum Grundgesetz der Beeinflussung gehört die **Sympathieregel**. Danach kann man von Personen eher beeinflusst werden, die man mag[30]. Sympathie ist eine zwischenmenschliche Anziehung, die sowohl einen bewertenden ersten Eindruck als auch Freundschaften in engen Beziehungen umfasst. Nutzen Sie als Verkäufer die Sympathieregel. Machen Sie sich in einem ersten Schritt für den Kunden sympathisch.

## 3.1 Wie man Sympathie gewinnt

Das Gefühl der Sympathie verleitet Menschen zu einem Schwarzweißdenken und führt zu dem dualen Denk- und Orientierungsmuster „wir" und „die anderen". Solche dualen Denk- und Orientierungsmuster weisen einen engen Zusammenhang mit Vertrautheit als Faktor für Sympathie auf. **Vertrautheit** ergibt sich aus dem „Effekt des bloßen Zusammenseins". Danach fördert das bloße Zusammensein die zwischenmenschliche Anziehung. Je öfter Sie also mit einem Menschen zusammenkommen, desto sympathischer ist Ihnen diese Person, und Sie sind dieser Person ebenfalls umso sympathischer. Wie das funktioniert, hat man in wissenschaftlichen Tests untersucht. Man erklärte Versuchspersonen, sie sollten an einer Studie über die Wahrnehmung unterschiedlicher Geschmacksrichtungen teilnehmen. Die verschiedenen Substanzen, die in diesem Zusammenhang zu testen waren, wurden in unterschiedlichen Räumen präsentiert. Es war also erforderlich, dass die Teilnehmer bestimmte Wege durchliefen. Dabei wurde die Kontakthäufigkeit zu anderen Teilnehmern manipuliert. Das Ergebnis: Je öfter eine Person mit einer anderen Versuchsperson Kontakt hatte, desto mehr mochte sie diese[31]. Der Effekt des bloßen Zusammenseins tritt in Wettbewerbssituationen nicht auf, verstärkt sich allerdings, wenn gemeinsame Ziele durch **Kooperation** erreicht werden sollen[32]. Die Wirkung der wachsenden Anziehung durch Kooperation ist vor allem bei Polizeiverhören von großem Vorteil. In solchen Verhören wird sehr häufig die Guter-Junge/böser-Junge-Technik angewendet.

## Guter Junge – böser Junge

Bei dieser Taktik übernehmen zwei Beamte das Verhör. Der eine ist dabei der „böse Junge". Er macht dem Verdächtigen deutlich, dass er für eine harte Strafe sorgen wird, und schüchtert ihn massiv ein. Sobald genügend Angst bei der zu verhörenden Person geschürt wurde, verlässt der böse Junge den Raum. Nun wird der „gute Junge" aktiv. Er macht einen besonders vernünftigen und freundlichen Eindruck, setzt sich sogar für den Verdächtigen ein, so dass dieser den Eindruck gewinnt, jemanden an seiner Seite zu haben, der kooperiert. In der Regel erfolgt im Verlauf des Verhörs ein umfassendes Geständnis[33]. Die Wahrnehmung des Verdächtigen wird so auf einfache Vorstellungen reduziert, ein Schwarzweißdenken wird provoziert. Dem guten Polizisten wird ausschließlich Gutes zugeschrieben, dem bösen Polizisten nur noch Schlechtes. Ein solches duales Denk- und Orientierungsmuster entspricht dem Freund-Feind-Schema. Es ist ein zweckdienliches abstraktes Schema, das eine Unterscheidung der sozialen Umwelt in „wir" und „die anderen" ermöglicht. So können soziale Beziehungen auf eine einfache Weise geordnet und bewertet werden, zugleich wird die individuelle Wahrnehmung entlastet[34].

## Schöne Menschen mag man lieber

Wichtige weitere Bestimmungsgrößen für Sympathie sind, neben Vertrautheit und Kooperation, äußerliche **Attraktivität** und Ähnlichkeit[35]. Die äußerliche Attraktivität spielt bei der Beurteilung einer anderen Person hinsichtlich Sympathie und Antipathie eine bedeutende Rolle. Gut aussehende Menschen werden eher mit positiven Charaktereigenschaften wie Begabung, Intelligenz und Aufrichtigkeit belegt als unattraktive[36]. Begründet wird dieses Phänomen durch den Hof-Effekt bzw. Halo-Effekt. Dabei strahlt ein einziges Merkmal, hier die physische Attraktivität, automatisch auf den Gesamteindruck aus[37]. Die Wirksamkeit der physischen Attraktivität auf die Sympathie wird in dem Geschworenenexperiment der Verhaltensforscher Sigall und Ostrove offensichtlich. Versuchspersonen wurden gebeten, ein Urteil für eine Straftat, die in keinem Zusammenhang mit der körperlichen Attraktivität stand, zu fällen. Bei attraktiven Personen betrug das Strafmaß im Durchschnitt 2,8 Jahre, während unattraktive Angeklagte für das gleiche Delikt durchschnittlich für 5,2 Jahre hinter Gitter geschickt worden wären[38].

Eine weitere Studie, die den Zusammenhang zwischen dem subjektiv zugeschriebenen Grad an Attraktivität des Verdächtigen und der Höhe einer gerichtlich verfügten Geldstrafe bzw. Kaution hinterfragt, bringt ebenfalls aufschlussreiche Erkenntnisse. Das (erschreckende) Ergebnis ist in der folgenden Tabelle zusammengefasst. Die Tabelle zeigt die Höhe einer Kaution oder Geldstrafe (in US-Dollar) für drei Klassen unterschiedlich gravierender Vergehen (unterteilt in die Kategorien „stark", „mittel" und „schwach") in Abhängigkeit von dem Ausmaß zugeschriebener Attraktivität. Das Ausmaß an Attraktivität wurde anhand einer Skala von 1 bis 5 festgelegt, wobei der Wert 1 für eine sehr geringe und der Wert 5 für eine sehr hohe Attraktivität stand.

| Stärke des Vergehens | Ausmaß an Attraktivität | | | | |
|---|---|---|---|---|---|
| | 1 | 2 | 3 | 4 | 5 |
| stark | 1.384,18 | 1.235,85 | 1.130,78 | 754,02 | 503,74 |
| mittel | 664,80 | 558,35 | 417,94 | 255,59 | 164,34 |
| schwach | 134,69 | 108,32 | 89,68 | 63,15 | 41,46 |

Tabelle 2: Zusammenhang zwischen Attraktivität und Geldstrafe bzw. Kaution (in US-Dollar), Quelle: Downs/Lyons (1991), S. 545

Die Tabelle zeigt, dass mit zunehmender Attraktivität bei einer gleich bleibenden Schwere des Vergehens die Höhe der Strafe sinkt. Ein hässlicher Straftäter muss demnach teilweise mehr als das Dreifache an Strafe hinnehmen als ein gut aussehender Verbrecher[39].

Für Verkäufer bedeutet dies, dass, je attraktiver sie wirken, der Kunde wahrscheinlich desto höhere Preise oder Stückzahlen akzeptiert. Die physische Attraktivität löst bei uns das „Klick" für die Emotion Sympathie aus („Spul"). Und diese Emotion sorgt dafür, dass die von attraktiven Menschen angestrebten Ziele eher erfüllt werden – der schöne Angeklagte also mit einer geringeren Strafe belegt wird und der gut aussehende Verkäufer das Verkaufsgespräch eher mit einem Abschluss beendet.

Personen, die von der Natur mit dem Geschenk der Attraktivität ausgestattet wurden und/oder durch Kleidung und gepflegtes Äußeres ihre Attraktivität aufwerten, haben dementsprechend eine bessere Ausgangssituation gegenüber unattraktiven Mitmenschen. So haben attraktive Politiker eher die Chance, gewählt zu werden, als unattraktive Kandidaten, und in Vorstellungsgesprächen werden attraktive Menschen eher positiv beurteilt als ihre unattraktiven Mitbewerber.

### „Gleich und gleich gesellt sich gern" – von Bauchpinseleien und manipulierten Hunden

Neben äußerlicher Attraktivität ist auch die **Ähnlichkeit** zweier Personen für den Aufbau von Sympathie grundlegend. Der Zusammenhang zwischen Ähnlichkeit und Sympathie ist unumstritten[40]. Dabei ist es unerheblich, auf welcher Grundlage die Ähnlichkeit besteht. Sie kann auf gleicher Kleidung, gleichem Lebensstil oder gleichen Einstellungen beruhen. Einstellungen haben in diesem Zusammenhang einen besonders wichtigen positiven Einfluss auf die Sympathie. Verschiedene Studien weisen nach, dass die Stärke zwischenmenschlicher Anziehung beachtlich mit der Häufigkeit ähnlicher Einstellungen positiv korreliert. Diese Tatsache wird mit dem „Gesetz der zwischenmenschlichen Anziehung" beschrieben[41]. Ein Erklärungsansatz dafür ist die Theorie der kognitiven Balance. Der Mensch strebt nach innerer Ausgeglichenheit, eine typisch menschliche Verhaltensweise, die im Kapitel 7 „Kaufschalter ‚Konsistenz'" genauer unter die Lupe genommen wird. Personen werden eher mit Zuneigung belegt, die durch ähnliches Verhalten und ähnliche Einstellungen die konsistente und ausgeglichene Weltsicht bestätigen[42]. Der Zusammenhang zwischen Ähnlichkeit und Sympathie kann leicht instrumentalisiert werden.

Weitere Aspekte, die einen Einfluss auf die Sympathie haben, sind Komplimente und Assoziationen. Eine für den Menschen typische Verhaltensweise ist, automatisch positiv auf **Komplimente** zu reagieren. Dies funktioniert sogar dann, wenn eine Absicht hinter den Komplimenten ersichtlich ist. Durch Komplimente wird der Selbstwert erhöht. Durch die positiven Austauschwerte erzielt der Interaktionspartner einen hohen Austauschgewinn. Im Sinne der Theorie der distributiven Gerechtigkeit, die auch die Reziprozitätsregel im nächsten Kapitel erklärt, wird ungeachtet dessen, dass ein Hintergedanke erkannt wurde, ein Spannungszustand erzeugt. Die mit Komplimenten bedachte Person ist motiviert, durch Zuneigung ihrerseits ein Gleichgewicht herzustellen[43]. Warum das so ist, werden Sie im nächsten Kapitel „Kaufschalter Reziprozität" ausführlicher erfahren. Komplimente wirken langfristig auf die Sympathie, da neben der Motivation zur Herstellung von Gleichgewicht zugleich eine Verbindung zwischen dem guten Gefühl, das durch die Komplimente hervorgerufen wurde, und der Person, die sie ausgesprochen hat, hergestellt wird. Der Sozialpsychologe Joseph P. Forgas begründet diese Theorie mit dem Hedonismusprinzip. Hedonismus ist ein menschlicher Wesenszug. Er veranlasst die Menschen, stets Lust zu suchen und Unlust zu vermeiden[44]. Dementsprechend erfolgt eine dauerhafte **Assoziation** zwischen dem Lustgefühl und der Person, die das Lustgefühl hervorgerufen hat.

Assoziationen sind Verbindungen bzw. Zusammenschlüsse von Inhalten und Informationen, die sich darin zeigen, dass das Auftreten des einen das Bewusstwerden des anderen nach sich zieht bzw. begünstigt[45]. Stellen Sie sich ein Schnee bedecktes Feld vor. Wenn Sie über dieses Feld gehen, hinterlassen Sie eine Fußspur. Eine einzelne sichtbare Fußspur auf einem verschneiten

Feld kann allerdings durch Schneeverwehungen schnell wieder verwischt werden. Stellen Sie sich daher bitte an dem einen Ende der Spur einen gut besuchten Bierstand und am anderen Ende ein Dixiklo vor. Die einzelne Fußspur wird sich in Ihrer Vorstellung schnell zu einem gut ausgebauten Trampelpfad wandeln. Wenn ein Mensch äußere Reize wahrnimmt, sei es durch Fühlen, Schmecken, Sehen oder Riechen, werden diese Reize wie kleine Blitze über unsere Nerven in das Bewusstsein – also in das Großhirn – transportiert. Genauso wie die Fußspuren im Schnee hinterlassen diese Blitze auf der Nervenautobahn Spuren, die sich in unserem Gedächtnis mehr oder weniger stark verankern. Die Intensität des Reizes und auch seine Wiederholungen entscheiden, ob die Spur, die er im Gedächtnis hinterlässt, lediglich eine einzelne Fußspur im wehenden Schnee oder gar ein gut ausgebauter Trampelpfad ist. Assoziationen sind Verknüpfungen zwischen solchen Gedächtnisspuren. Sie treten immer dann auf, wenn Bewusstseinsinhalte mit anderen als zusammengehörig erkannt werden. Ein bestimmter Geruch, den Sie wahrnehmen, kann Sie daher auch an eine bestimmte Situation in Ihrem Leben erinnern.

**Beispiel**

Sie nehmen einen Geruch wahr und treffen folgende Aussage:

*„Genauso roch es, wenn meine Oma Eintopf gekocht hat."*

Sie verbinden die soeben durch den Reiz des Duftes getretene Spur in Ihrem Gedächtnis mit einer bereits vorhandenen. Nämlich mit der Spur, die Ihre Großmutter durch den Eintopf in Ihrem Gedächtnis hinterlassen hat. Haben Sie positive Erinnerungen an Ihre Großmutter und an den Eintopf, ist Ihnen der Geruch sympathisch. Haben Sie hingegen negative Erinnerungen an Ihre Großmutter und ihren Eintopf, dann ist Ihnen der Geruch unsympathisch. Ein Reiz, der eine Assoziation – also eine Verknüpfung von Gedächtnisspuren – nach sich zieht, kann demnach das „Klick" für Sympathie oder Antipathie („Spul") bei Menschen auslösen.

Eine andere Form von Assoziationen kann erfolgen, wenn Reize gleichzeitig oder als räumlich zusammengehörig erlebt werden[46]. Ein Beispiel für solche Verknüpfungen ist die klassische Konditionierung. Bei Menschen werden durch Umweltreize häufig Reflexe ausgelöst. Solche Reflexe sind unbewusst ablaufende, stereotype Reaktionen auf Umweltreize. Diese Reize werden direkt von dem Sinnesorgan über Nervenbahnen zu den ausführenden Organen geleitet. Die Reaktionen können mit Umweltreizen verknüpft werden, was der einfachen klassischen Konditionierung entspricht. Pawlow verknüpfte die Fütterung eines Hundes mit einem Glockenton. Nach einiger Wiederholung konnte festgestellt werden, dass beim Hund allein durch das Ertönen der Glocke Speichelfluss ausgelöst wurde[47]. Eine Reaktion auf Nahrung kann so durch Assoziation auf etwas anderes übertragen werden. Neben Speichelfluss können noch weitere Reaktionen auf Nahrung festgestellt werden – insbesondere eine positive Stimmung. Der Hund in Pawlows Experiment assoziierte mit der Glocke Nahrungszufuhr, allein weil er sie gleichzeitig mit dem Fressen gehört hatte. Es ist auch möglich, die positive Stimmung, die bei der Nahrungsaufnahme erzeugt wird, mit anderen Wahrnehmungen zu verknüpfen, wenn diese gleichzeitig erlebt werden. Wenn wir also eine gute Mahlzeit zusammen mit einer anderen Person zu uns nehmen, dann geht das positive Gefühl der Nahrungsaufnahme auf die Person, mit der wir am Tisch sitzen, über[48].

---

**Die Sympathieregel**

Von Personen, die man mag, ist man eher zu beeinflussen. Durch verschiedene Faktoren wird beim Menschen das Gefühl von Sympathie und so eine zwischenmenschliche Anziehung hervorgerufen. Verkäufer, die die verschiedenen Auslöser kennen, können beim Kunden Sympathie wecken.

---

Abbildung 2 zeigt alle Faktoren, die für die zwischenmenschliche Anziehung „Sympathie" bedeutend sind.

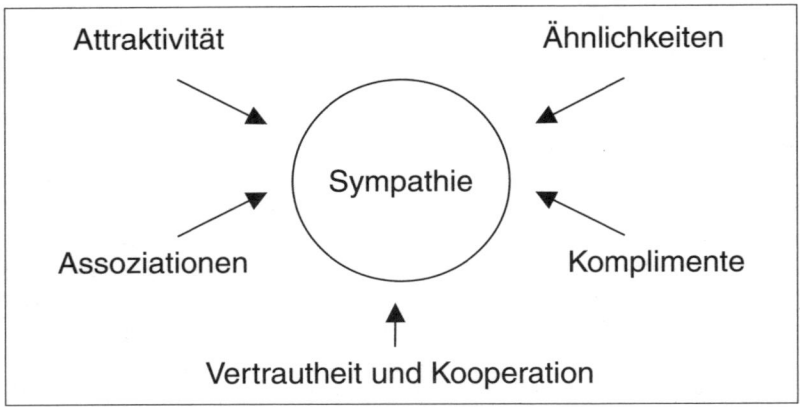

Abbildung 2: Faktoren für Sympathie, Quelle: eigene Darstellung

## 3.2 Die Macht der Beeinflussung oder von Stalkern, Hunden und Models

Der italienische Abenteurer Giacomo Casanova nutzte neben anderen Beeinflussungstechniken insbesondere sein Wissen um die Faktoren, die Sympathie erzeugen, um das weibliche Geschlecht zu erobern. Wie gelang ihm das? Sofern der männliche Leser nun glaubt, dieses Kapitel als Anleitung zur Eroberung der Damenwelt nutzen zu können, muss ich ihn leider enttäuschen. Casanova lebte im 18. Jahrhundert. Die gesellschaftlichen Rahmenbedingungen waren daher anders, als sie sich heute darstellen. Die damalige Zeit war geprägt von einer freizügigen Einstellung zur Sexualität. Bis heute haben sich die Wertvorstellungen erheblich geändert. Auch die Stellung der Frau in der Gesellschaft ist eine andere geworden. Die Methoden Casanovas gleichen heute eher denen von Stalkern.

Hatte Casanova ein potenzielles Opfer anvisiert, so war sein erster Schritt die Informationsbeschaffung. Er nutzte alle sich ihm bietenden Möglichkeiten, Informationen über das Objekt seiner Begierde zu erhalten. So verbrachte er viel Zeit mit Ausspähen und Beobachten. Gleichzeitig suchte er Kontakte zu Dritten, bei denen er weitere Erkundigungen über die Zielperson einholen konnte. War die Informationssuche abgeschlossen, suchte er die räumliche Nähe. Er nutzte Freunde und Verwandte des Opfers, bei denen er sich häufig einladen ließ, um so der jeweiligen Dame möglichst oft über den Weg zu laufen und sie in Gespräche zu verwickeln (Faktor Vertrautheit). Casanova war dabei stets darauf bedacht, eine attraktive Erscheinung abzugeben (Faktor Attraktivität). Durch seine gute Kleidung und seine physische Attraktivität nutzte er den Hof- bzw. Halo-Effekt, so dass seine Mitmenschen ihm positive Eigenschaften unterstellten. In einem ersten Gespräch mit einer späteren Eroberung teilte er der Dame unverzüglich mit, dass er finanziell sehr gut aufgestellt sei. Seine Informationssuche im Vorfeld hatte ergeben, dass auch seine Gesprächspartnerin mit einem großen Reichtum gesegnet war. Gleichzeitig übernahm Casanova die Ansichten und Meinungen seiner Gesprächspartnerinnen (Faktor Ähnlichkeit). Auch geizte er in seinen Aussagen nicht mit Komplimenten (Faktor Komplimente). Hier war Casanova ein wahrer Meister. Scheinbar ergeben und devot schmeichelte er der Angebeteten, übte jedoch in Wirklichkeit Kontrolle und soziale Macht über sie aus. Im Sinne der Theorie der distributiven Gerechtigkeit wurde der Selbstwert der Geschmeichelten positiv beeinflusst, was die Beliebtheit Casanovas steigerte. Seine Liebesschwüre waren so einschlagend, dass der Kontrollmechanismus seiner Partnerinnen ausgeschaltet wurde und sie sich bereitwillig hingaben. Dies funktionierte auch dann, wenn die Frau die Verführungsabsicht Casanovas erkennen konnte. Seine Komplimente hatten den Selbstwert der Frau so sehr gesteigert, dass diese das dadurch hervorgerufene gute Gefühl stets mit seiner Person in Verbindung brachte. Die Frauen fühlten sich nachhaltig und dauerhaft zu Casanova hingezogen (Faktor Assoziationen)[49].

### „Hunde, wir wollen Euer Geld!"

Eine andere Technik zur Sympathiegewinnung, die Imbisstechnik, beruht auf dem Prinzip, dass Sympathie für etwas zunimmt, wenn es sich mit positiven Ereignissen – in diesem Fall der Nahrungsaufnahme – umgibt. Assoziationen eröffnen die Möglichkeit, sich selbst oder Produkte mit positiven Ereignissen in Verbindung zu bringen, auch wenn man selbst oder die Produkte nicht für diese Ereignisse verantwortlich ist bzw. sind[50].

Wir erinnern uns an den Hund, dem während der Nahrungsaufnahme ein Glockenton vorgespielt wurde. Nach mehreren Wiederholungen löste allein der Glockenton („Klick") einen Speichelfluss aus („Spul"), ohne dass er Nahrung erhielt. Auch wir Menschen treffen Aussagen wie „Mir läuft das Wasser im Mund zusammen!", wenn uns eine schöne Mahlzeit vorgesetzt wird. Dies ist eine positive Äußerung, hervorgerufen durch ein positives Gefühl. Mit anderen Worten: Eine schöne Mahlzeit verbunden mit einem schönen Ambiente erzeugt bei uns positive Gefühle. Wir erinnern uns ebenfalls daran, dass positive Gefühle auch auf andere Personen und Dinge übertragen werden können, wenn wir diese gleichzeitig erleben.

Große Wohltätigkeitsveranstaltungen werden in der Regel von einem guten Essen begleitet. Gastgeber solcher Benefizveranstaltungen nutzen das positive Gefühl der Nahrungsaufnahme, um die Spendenzahlungen zu erhöhen. Gelegentlich werden die Spendenaufforderungen während des Essens wiederholt. Das positive Gefühl, das bei der Nahrungsaufnahme entsteht, wird so auf die Spendenaufforderung übertragen. Die Instrumentalisierung dieses Effektes bezeichnet man als Imbisstechnik.[51]

Andere Beispiele, wie durch Assoziationen Sympathie für etwas erzeugt wird, sind Werbeanzeigen für Autos, bei denen hübsche Models eingesetzt werden. Die Eigenschaften Schönheit und Begehrtheit werden durch gleichzeitige Wahrnehmung auf die Autos übertragen. Auch wenn Prominente mit positivem Image für Produkte werben, ist das ein Beispiel für die Anwendung einer solchen Assoziationstechnik. Positive Reize können in diesem Sinne genutzt werden, um durch künstlich geschaffene Verbindungen Einstellungen, Produkte und Personen aufzuwerten.

In den folgenden Kapiteln erfahren Sie, wie Sie sich aufwerten und sympathisch machen und wie Ihr Kunde anfälliger für Ihre Beeinflussungsversuche wird, die den „Klick-Spul-Effekt" auslösen sollen.

# 3.3 Der Kaufschalter „Sympathie" in den Phasen des Verkaufsgesprächs

*„Ich hab' dich soooo lieb! Du musst nur noch unterschreiben!"*

## Der Fischhändler

Als Vertreter für Versicherungs- und Finanzdienstleistungsprodukte ist es nicht nur meine Aufgabe, die Kundenzufriedenheit und den Absatz der Produkte meines Produktgebers sicherzustellen, sondern auch, neue Mitarbeiter auszubilden. Neben der fachlichen Ausbildung steht hier insbesondere die unternehmerische Entwicklung der Mitarbeiter im Vordergrund. Dazu zählt selbstverständlich auch, dass ich Vertreter in Einarbeitung bei ersten Terminen begleite. So kam es, dass ich gemeinsam mit einem dienstjungen Mitarbeiter einen Termin bei einem selbstständigen Fischhändler wahrnahm. Da es bei dem Gespräch um ein recht komplexes Firmenkonzept ging, übernahm ich – wie auch im Vorfeld mit meinem Mitarbeiter abgesprochen – die Gesprächsführung. Von Beginn des Gespräches an konnte ich jedoch keinen richtigen Draht zu dem Kunden aufbauen. Der Kunde war desinteressiert und auch persönlich sehr distanziert. Das Ergebnis des Verkaufsgesprächs war klar. Eine Geschäftsbeziehung konnte nicht generiert werden.

Wie nach jedem begleiteten Termin gehört zu einer guten Nachbearbeitung auch ein kurzer Rückblick, bei dem das Erlebte noch einmal durchgesprochen und überlegt wird, was man hätte besser machen können bzw. was besonders gut gelaufen ist. Im Rahmen dieser Nachbearbeitung sagte mein Mitarbeiter zu mir:

*„Herr Prack, ich muss sagen, dass ich es ganz toll finde, was Sie für ein Fachwissen haben. Da muss ich noch richtig was lernen, bis ich genauso viel fachliches Know-how habe wie Sie."*

Glauben Sie mir, das ging runter wie Öl. Balsam auf meine deprimierte Verkäuferseele nach einem verpatzten Verkaufsgespräch. Mein Mitarbeiter machte eine kurze Pause und sagte dann:

*„Ich muss aber sagen, dass Sie aus meiner Sicht nicht richtig mit dem Kunden gesprochen haben. Bedenken Sie: Bei diesem Interessenten handelte es sich um einen einfach gestrickten Menschen, und Sie sitzen da, in Ihrem Anzug und Ihrer Krawatte und erzählen dem etwas von prozentual steigender Steuerersparnis, Interessenverbänden von Unternehmern und Gesundheitsvorsorge. Dass Sie sich in dem Gespräch nicht noch die Krawatte zurechtgerückt haben, war alles!"*

Upps. Das war ein Schlag vor den Kopf, noch dazu durch meinen eigenen Auszubildenden.

Am gleichen Abend ließ ich den Tag noch einmal Revue passieren und musste feststellen, dass mein Mitarbeiter absolut Recht mit seiner Kritik gehabt hatte. Der Fischhändler hatte in mir einen unsympathischen Oberlehrer gesehen, der auf Teufel komm raus sein Wissen versprühen wollte. Das führte unweigerlich zu Antipathie. Und Menschen kaufen nur, wenn ihnen der Verkäufer sympathisch ist. Mir wurde klar, dass ich komplett vergessen hatte, den Sympathieschalter im Verkaufsgespräch zu drücken. Ich hatte das duale Denk- und Orientierungsmuster „wir" und „die anderen" beim Kunden nicht in Richtung „wir" aufbauen kön-

nen. Ganz im Gegenteil: Für den Kunden war ich eher „der andere". Ich hatte keine Ähnlichkeit mit ihm – weder in meiner Kleidung noch in meiner Sprache. Außer dieser Erkenntnis hat mir
mein Auszubildender noch etwas gezeigt, und zwar, dass man
durch ein Kompliment im Vorfeld einer kritischen Äußerung die
emotionale Schlagkraft einer solchen Aussage sehr stark abfe-
dern kann. Der junge Mann war in seiner Konversation mit mir
gar nicht so ungeschickt. Er hat zunächst den Sympathieschalter
gedrückt, um dann im nächsten Moment auszuholen und mir die
Leviten zu lesen. Der Schlag in die Nierengegend durch einen
Auszubildenden kam so lediglich als Klapps auf den Hinterkopf
bei mir an.

## Der Kaufschalter „Sympathie"
## in der Gesprächseröffnungsphase

Die Beziehung zwischen Ihnen und dem Kunden ist von Beginn
an stets negativ belastet. Dem Kunden ist bewusst, dass Sie primär verkaufen wollen. Dieses Ziel erreichen Sie allerdings nur,
wenn er Sie sympathisch findet. Tun Sie daher alles, um sich bei
ihm sympathisch zu machen.

Oberstes Gebot in der Gesprächseröffnungsphase ist der Faktor
Attraktivität. Geben Sie eine attraktive Erscheinung ab! Attraktive
Menschen erreichen leichter das Ziel des Verkaufs! („Klick")

---

**Tipp**

Statten Sie Ihr Büro mit einem Spiegel aus, der Ihren ganzen
Körper wiedergibt, wenn Sie hineinschauen. Werfen Sie vor
jedem Termin einen Kontrollblick in diesen Spiegel und rücken Sie Ihre Frisur und Kleidung entsprechend zurecht.

---

*Attraktivität ist einer der wesentlichsten Faktoren für Sympathie. Schauen Sie in den Spiegel. Hand aufs Herz: Würden Sie sich etwas abkaufen? Wenn Sie nicht spontan „Ja!" sagen, überlegen Sie, wie Sie sich attraktiver machen können!*

*P.S.: Das ist kein Scherz. Wenn Sie nicht modebewusst sind, investieren Sie in Ihre Zukunft und engagieren Sie einen Typberater! Sie sind Verkäufer und wollen verkaufen. Sie haben gelernt, dass attraktive Menschen leichter ihre Ziele erreichen. Also, worauf warten Sie noch?*

Die Gesprächseröffnungsphase eignet sich sehr gut für den Aufbau von Sympathie. Der Kunde befindet sich in dieser Phase im Absichtskonflikt. Er weiß noch nicht, ob und was er kauft. Klar ist jedoch: Er kauft nur, wenn Sie sympathisch sind! Bitte beachten Sie, dass der Kunde in den ersten zwei bis sechs Minuten entscheidet, in welchem Maße er Ihnen Vertrauen oder Misstrauen entgegenbringt. Es ist daher ganz wichtig, dass Sie bereits bei der Begrüßung den Namen des Kunden nennen. Sofern der Kunde auch noch ein Titelträger ist, versäumen Sie nicht, bei der Anrede diesen Titel zu nennen. Gleichzeitig sollten Sie bei der Begrüßung auch noch ein kleines Kompliment hinterher schieben.

### Beispiel

*„Guten Tag, Herr Doktor Kunde. Ich freue mich ganz besonders, heute mit Ihnen ein Gespräch zu führen, wo ich doch weiß, dass Sie eine viel gefragte Persönlichkeit sind." („Klick")*

Das mag für den einen oder anderen von Ihnen erst einmal nichts Neues sein. Dennoch sollten wir diesen Satz noch einmal hinterfragen. Sie haben den Kunden mit seinem Titel angesprochen. Damit bringen Sie ihm eine gewisse Anerkennung entgegen. Anerkennung führt bereits zu der gewünschten psychischen Reaktion, die beim Menschen auf Komplimente ausgelöst wird. Gleichzeitig untermauern Sie diese Reaktion durch ein echtes Kompliment. Der Kunde findet Sie automatisch sympathischer als ohne Ihr Kompliment. Sie haben den Selbstwert Ihres Gesprächspartners positiv beeinflusst, und das macht Sie sympathisch. Menschen stehen nun einmal auf Bauchpinseleien. Haben

Sie zudem auch noch Ihr Äußeres durch eine frische Rasur, einen gepflegten Haarschnitt und ein gebügeltes modisches Hemd ansprechend gestaltet, dann tut dieser Satz besonders seine Wirkung.

Nutzen Sie die Begrüßung zu weiteren Komplimenten! Achten Sie aber bitte darauf, dass Sie nicht zu persönlich werden. Komplimente über das Äußere des Kunden, wie die Frisur oder die Kleidung, sollten Sie daher meiden. Schauen Sie sich um und nutzen Sie die anderen Dinge, die Sie sehen, um Komplimente auszusprechen.

### Beispiele

*„Tolle Räumlichkeiten, in denen Sie Ihre Geschäfte tätigen. Wirklich ein schickes Büro." („Klick")*

*„Ich habe selten so freundliches Personal wie in Ihrer Firma erlebt." („Klick")*

*„Das ist in der Tat ein tolles Bild, das hier hängt." („Klick")*

*„Sie sind wirklich klasse eingerichtet." („Klick")*

Nachdem Sie nun den Faktor Komplimente eingesetzt haben, um Sympathie zu schaffen, nutzen Sie den Faktor Ähnlichkeit. Versuchen Sie, sich im Vorfeld eines jeden Verkaufstermins ein genaues Bild von Ihrem Gesprächspartner zu machen. Überlegen Sie, wie er gekleidet sein könnte, welcher gesellschaftlichen Schicht er angehört, welche Einstellungen er haben kann und womit er sich aktuell beschäftigt. Nutzen Sie alle Gelegenheiten, die sich Ihnen bieten, um an solche Informationen zu kommen. Das können frühere Gespräche mit Ihrem Kunden, die telefonische Terminvereinbarung oder auch das Internet mit der Homepage des Kunden sein.

Kleiden Sie sich so, wie Ihr Kunde gekleidet sein könnte. Legen Sie besonderen Wert auf ein gepflegtes Äußeres. Das heißt aber nicht, dass Sie bei einem Termin mit einem Handwerker in einem gebügelten Blaumann erscheinen sollen! Überlegen Sie sich vielmehr, ob Ihr Gesprächspartner als Firmeninhaber selber noch aktiv mitarbeitet, dann ist es wahrscheinlich, dass er Ihnen in Arbeitskleidung entgegentritt. Sie sollten dann ungefähr wissen, wie er in seiner Freizeit gekleidet ist. Manche verkäuferischen Tätigkeiten erlauben es jedoch nicht, in Jeans und T-Shirt zum Kunden zu gehen. In Kapitel 6 „Kaufschalter Autorität" werden Sie lesen, dass in bestimmten Branchen ein Anzug ein absolutes „Muss" darstellt. Aber auch bei solchen Kleiderpflichten können bestimmte Feinabstufungen vorgenommen werden, wie der Verzicht auf die Krawatte oder die Wahl einer Kombination. Die Devise heißt: „Spiegeln Sie Ihren Kunden!" Wenn Sie ihm gegenübertreten, dann soll er eine attraktive Erscheinung sehen, die „seine" Kleider trägt und seine Einstellungen vertritt.

Im weiteren Gesprächsverlauf ist es wichtig, dass Sie die Einstellungen des Kunden kennen und bedingungslos übernehmen. Wenn Sie Ihren Kunden bereits kennen, ist dies nicht schwierig. Aus den vorangegangenen Kontakten konnten Sie sich bereits ein Bild von ihm machen. Bei Neukunden hingegen sind die Einstellungen im Vorfeld nur sehr schwer zu erfassen. Bedenken Sie bitte, dass auch Sie ein Mensch sind und Ihnen Ihr Autopilot einen Streich spielen kann. Wir neigen dazu, bestimmten sozialen Kategorien auch bestimmte Persönlichkeitseigenschaften zuzuordnen. Wenn Sie sich im Vorfeld ein Bild Ihres Gesprächspartners machen wollen, um dann im Gespräch seine Einstellungen zu übernehmen, sollten Ihre Informationen über den Kunden aus sicheren Quellen stammen. Gegebenenfalls haben Sie bereits im Terminierungsgespräch einen ersten Eindruck bekommen, welche Einstellungen der Kunde zu verschiedenen Lebensbereichen hat. Häufig gibt Ihnen Ihr Kunde bei der Festlegung des Termins beiläufig solche Informationen – sie sind Ihnen bislang nur noch nicht wichtig erschienen.

### Beispiele

**Kunde:** *„Am Montagabend kann ich nicht, da habe ich eine Fortbildung."*

**Einstellung des Kunden:** *Er ist in seinem Beruf fachlich stets auf dem neuesten Stand. Das Geschäft ist ihm heilig, so dass er die Freizeit zur Fortbildung nutzt.*

**Kunde:** *„Am Dienstag kann ich nicht, da hat meine Tochter eine Theateraufführung, die ich nicht verpassen darf."*

*Einstellung des Kunden:* Er hat Kinder und einen ausge-prägten Familiensinn, so dass die geschäftlichen Belange schon einmal wegen der Familie in den Hintergrund treten können.

*Kunde:* „Am Dienstag kann ich nicht, da spiele ich Golf."

*Einstellung des Kunden:* Er hat ein anspruchsvolles Hob-by, das sich nicht jeder leisten kann, und bewegt sich gerne in elitären Kreisen.

Haben Sie im Vorfeld eine solche Information erhalten, bereiten Sie sich entsprechend auf Ihren Termin vor. Sofern Sie mitbe-kommen haben, dass Ihr Kunde Golfspieler ist, sollten Sie die schönsten Golfplätze der Umgebung recherchiert haben, einige Infos über die Erlangung einer Spielerlizenz parat haben, und na-türlich dürfen Sie es nicht versäumen, dem Kunden mitzuteilen, dass Sie selber überlegen, dieses Hobby aufzunehmen. Begrün-den Sie in diesem Fall Ihre Suche nach einem neuen Hobby da-mit, dass Ihr jetziges Hobby zu einem reinen Volkssport mutiert ist und Sie nicht mit „aller Welt" Ihre Freizeit teilen wollen. Sie wollen dem Kunden ja ähnlich sein und so Sympathie erzeugen. Spiegeln Sie Ihren Kunden! („Klick")

Außerdem ist es erforderlich, dass Sie den Sprachstil des Kun-den übernehmen. Redet Ihr Kunde eher sachlich, sprechen auch Sie eher sachlich. Verwendet Ihr Kunde hingegen Modewörter wie „hip", „stylish" und „trendy", müssen Sie sich anpassen. Ach-ten Sie darauf, dass Ihr Gesprächspartner Ihre Sprache auch als „echt" empfindet. Ist Ihnen eine solche Wortwahl nicht geläufig, sollten Sie nur so weit gehen, wie Sie dies auch vertreten kön-nen. Spiegeln Sie Ihren Kunden! („Klick")

Häufig werden bei Gesprächen Getränke gereicht. Nutzen Sie auch dies, um Ihrem Kunden ähnlich zu sein. Trinken Sie genau das, was Ihr Kunde trinkt! Konkret: Trinkt Ihr Kunde seinen Kaffee schwarz, haben Sie das gleiche zu tun. Spiegeln Sie Ihren Kun-den! („Klick")

Sie sehen, es sind die Kleinigkeiten, die Ihren Kunden vermitteln, dass Sie einer von ihnen sind. Sie müssen ihren Kunden das dua-le Denk- und Orientierungsmuster „wir" und „die anderen" ver-mitteln. Sie müssen Ihren Kunden in jeder vertretbaren Kleinigkeit ähnlich sein! Wenn Sie das glaubwürdig erreicht haben, nutzen Sie auch die anderen Faktoren, die zu Sympathie führen.

Getränke zu reichen ist bei Verkaufsgesprächen schon fast üblich geworden. Finden die Gespräche in Ihrem Büro statt, müssen Sie dafür Sorge tragen, dass Sie ausschließlich hochwertige Getränke im Angebot haben. Erinnern Sie sich an die Imbisstechnik? Die Imbisstechnik beruht auf dem Prinzip, dass die Sympathie des Kunden für Sie zunimmt, wenn Sie sich mit positiven Ereignissen – in diesem Fall der Nahrungsaufnahme – umgeben. Die Getränke die Sie Ihrem Kunden reichen, müssen eine reine Gaumenfreude sein. Ein frisch gepresster Orangensaft spricht die Geschmacksnerven positiver an als ein Standardprodukt. Ein frisch gemahlener Kaffee wird ebenfalls positivere Gefühle hervorrufen als eine Instantbrühe. Sie führen ein Gespräch mit Ihrem Kunden. Immer wenn Ihr Kunde Sie ansieht, hinterlassen Sie eine kleine Fußspur in seinem Gedächtnis. Die Fußspur soll sich mit der Fußspur, die die kleine Gaumenfreude in dem Gedächtnis des Kunden hinterlässt, verknüpfen! („Klick")

---

**Tipp**

Statten Sie Ihr Büro mit hochwertigen Getränken aus, so dass Sie immer die Imbisstechnik anwenden können, wenn das Verkaufsgespräch in Ihren Räumlichkeiten stattfindet!

---

Arbeiten Sie auch weiterhin mit dem Faktor Vertrautheit als Sympathiewecker. Nutzen Sie die Informationen, die Sie aus eventuellen vorherigen Kontakten über Ihren Kunden haben. Zeigen Sie Interesse an Dingen, die Ihnen der Kunde mitgeteilt hat. Sie zeigen so, dass er Ihnen vertraut ist.

**Beispiele**

*„Was macht der Umbau Ihres Hauses?"* *(„Klick")*

*„Wie war Ihr Urlaub?"* *(„Klick")*

*„Wie war Ihre Fortbildung?"* *(„Klick")*

*„Wie war die Theateraufführung Ihrer Tochter?"* *(„Klick")*

*„Wie ist Ihr Golfturnier gelaufen?"* *(„Klick")*

Nachdem Sie für eine angenehme Gesprächsatmosphäre gesorgt haben, indem Sie fast alle Sympathie-Karten ausgespielt
haben, sollte der Absichtskonflikt des Kunden zumindest so weit
gelöst sein, dass er nun weiß, dass Sie als potenzieller Verkäufer
für ihn in Frage kommen. Und das nur, weil Sie ihm sympathisch
sind. Machen Sie sich daher auch bei der Lösung des Auswahlkonflikts in der Argumentationsphase sympathisch. Leiten Sie die
Argumentationsphase bzw. die Bedürfnisanalyse wie folgt ein:

*„**Wir** sollten nun **gemeinsam** ergründen, inwieweit unser Produkt bzw. unsere Dienstleistung für Sie interessant ist."*

## Übung

*Nehmen Sie Ihren Terminkalender zur Hand und schauen Sie, bei wel-
chem Kunden Sie Ihren nächsten Termin haben. Machen Sie sich ein genaues Bild über diesen Kunden und überlegen Sie:*

- *wie Sie ihn anreden (hat er einen akademischen Titel?) und ihm
  gleichzeitig ein Kompliment machen,*
- *welche weiteren Komplimente Sie Ihrem Kunden machen können,*
- *welche Informationen Sie über den Kunden haben,*
- *welche Einstellungen dieser Kunde hat,*
- *wie Sie an weitere Informationen über seine Einstellungen kommen.*

*Machen Sie sich Notizen, wie Sie sich dem Kunden in jeder erdenkli-
chen Art ähnlich darstellen (spiegeln Sie Ihren Kunden!) und wie Sie ihm
zeigen, dass er Ihnen vertraut ist.*

## Der Kaufschalter „Sympathie"
## in der Argumentationsphase

Sie haben die Argumentationsphase bzw. die Bedürfnisanalyse
mit folgenden Worten eingeleitet:

*„**Wir** sollten nun **gemeinsam** ergründen, inwieweit unser Produkt bzw. unsere Dienstleistung für Sie interessant ist." („Klick")*

Diese Worte haben Sie natürlich nicht ohne Grund gewählt.
Durch die Worte „wir" und „gemeinsam" lösen Sie den Klick-
Spul-Effekt dahingehend aus, dass Sie dem Kunden eine Koope-

ration verdeutlichen. Sie setzen so zwei kleine entscheidende Klicks, die das duale Denk- und Orientierungsmuster „wir" und „die anderen" in der Steuerzentrale des Kunden abspulen lassen. Erinnern Sie sich an den guten Jungen im Polizeiverhör. Durch die Guter-Junge-/böser-Junge-Technik gelingt es dem „guten Jungen", dass der Verbrecher ihm nur noch Gutes zuschreibt. Nun werden wir diese Taktik auf das Verkaufsgespräch übertragen. Sie wissen, dass das Beziehungskonto zwischen dem Kunden und Ihnen – als Verkäufer – zunächst einmal negativ belastet ist. Der Kunde weiß, dass Sie verkaufen wollen, und tritt Ihnen deshalb mit einem gewissen Misstrauen gegenüber. In Polizeiverhören ist dies nicht anders. Der Verbrecher weiß, dass die Polizeibeamten ein Geständnis hören wollen. Er sieht daher die Beamten zunächst beide als „böse Jungen". Sie sind im Verkaufsgespräch zunächst der „böse Junge", der verkaufen will. Sie müssen daher in die Rolle des „guten Jungen" schlüpfen. Untermauern Sie den Abspulprozess des dualen Denk- und Orientierungsmusters „wir" und „die anderen" mit einem weiteren Satz:

*„Vielleicht kommen wir sogar zu dem Entschluss, dass unser Produkt gar nicht Ihre Bedürfnisse befriedigen kann. Deshalb ist es ganz wichtig, dass Sie mir genau mitteilen, was Sie von mir und meinem Unternehmen erwarten!" („Klick")*

Wenn Sie dies konsequent anwenden, wird Sie Ihr Kunde mehr und mehr in der Rolle des Beraters und nicht des Verkäufers sehen. Sie haben dem Kunden mitgeteilt, dass es Ihnen primär um seine Bedürfnisse und nicht um den Verkauf geht. Dennoch: Vergessen Sie nicht, dass Sie von Provisionen und Aufträgen leben und nicht von Luft und Liebe. Machen Sie sich sympathisch mit dem Ziel zu verkaufen! Sie sind nun der „gute Junge". Um das Abspulen des Sympathiebandes nicht zu hemmen, sollten Sie die Worte „Verkaufen" und „Kaufen" im Verkaufsgespräch tunlichst vermeiden. Sprechen Sie lieber von „Zusammenarbeit" und „Kooperation". („Klick")

In der Argumentationsphase werden Sie als Verkäufer ständig mit Einwänden konfrontiert. Einwände verdeutlichen Ihnen, dass sich Ihr Kunde mit Ihrem Produkt oder Ihrer Dienstleistung auseinandersetzt. Das ist ein positives Zeichen! Der Kunde befindet sich im Auswahlkonflikt und überlegt, inwieweit Ihr Produkt für ihn in Frage kommt. Nutzen Sie die Einwände als Gelegenheit für

weitere Klicks, die den Klick-Spul-Effekt der Sympathieregel auslösen. Beginnen Sie die Einwandbehandlung immer mit einem
Kompliment:

> **Beispiele**
>
> *„Das ist wirklich ein sehr guter Einwand!" („Klick")*
>
> *„Ich merke, Sie sind sehr gut mit dieser Thematik vertraut!"
> („Klick")*
>
> *„Absolut richtig, ein Experte auf diesem Gebiet hätte an dieser
> Stelle nichts anderes gesagt." („Klick")*

Es liegt natürlich an Ihrem Produkt bzw. an Ihrer Dienstleistung
und an Ihrer fachlichen Qualifikation, inwieweit Sie den Einwänden geschickt begegnen können. Dafür ist die Produktentwicklung bzw. die Weiterbildung Ihres Unternehmens zuständig. Es
ist jedoch schon einmal sichergestellt, dass Ihr Kunde Sie sympathisch findet. Auch wenn Sie einen Einwand nicht vollständig aus
dem Weg räumen können, wird Ihnen das Quäntchen Mehr an
Sympathie gegenüber Ihrem Wettbewerber vielleicht helfen, einen Abschluss zu erzielen. Dies ist natürlich abhängig von dem
Gewicht des Kundeneinwandes. Über einen kleinen Nachteil
Ihres Produkts oder Ihrer Dienstleistung kann ein Kunde aus Sym-
pathiegründen eher hinwegsehen als über einen großen. Aber
eins ist klar: Der Mensch kauft lieber von sympathischen als von
unsympathischen Verkäufern. Klicken Sie also weiter das Sympa-
thieband an und lösen so den Klick-Spul-Effekt aus!

Nachdem Sie bei der Einwandbehandlung Sympathie durch Komplimente ausgelöst haben, können Sie dies auch über den Faktor
Ähnlichkeit erreichen. Fügen Sie Ihrem Kompliment noch einen
weiteren Satz hinzu:

*„Das ist wirklich ein sehr guter Einwand. („Klick") Im Rahmen
meiner Terminvorbereitung bin auch ich über genau diesen Sachverhalt gestolpert. Da haben wir tatsächlich den gleichen Gedanken gehabt!" („Klick")*

Achten Sie darauf, dass Sie schön häufig das Wort „wir" benut-
zen, und spielen Sie nicht den Oberlehrer! Häufig werden Sie in

Verkaufsgesprächen mit Angeboten von Mitbewerbern konfrontiert. Hier kann man ganz schnell in Oberlehrerphrasen verfallen:

### Beispiel

*„Bei dieser Anlage ist Ihr Geld einem großen Risiko ausgesetzt und kann sehr rasch den Bach runtergehen!"*

Wenn Sie dem gegnerischen Vorschlag auf diese Weise begegnen, drohen Sie Ihrem Kunden. Und wer lässt sich schon gerne drohen? **Besser:**

*„Eine gute Wahl mit hohen Renditechancen! („Klick")* **Wir** *sollten dennoch beachten, dass eine hohe Rendite auch zu einem entsprechend hohen Risiko führt! Bei einem so hohen Anlagevolumen sollten* **wir** *daher das Risiko mit in* **unsere** *Überlegungen einbeziehen!" („Klick")*

Sie haben dem Kunden zunächst ein Sympathie auslösendes Kompliment gemacht und durch den Faktor Kooperation gleichzeitig diese Sympathie gefestigt.

Wenn Sie gegen Wettbewerbervorschläge kämpfen, vermeiden Sie die Nennung des Wettbewerbernamens, wiederholen Sie jedoch so oft es geht den Namen Ihres Unternehmens. So spielen Sie den Faktor Vertrautheit weiter aus. Bezeichnen Sie ruhig das gegnerische Unternehmen als „die anderen".

### Beispiel

*„Wir, die Name-Ihres-Unternehmens-AG, haben bei der Entwicklung des Produkts diesen Sachverhalt berücksichtigt, während die anderen nicht auf diesen Sachverhalt eingegangen sind." („Klick")*

Sie bewirken so, dass sich der Name Ihres Unternehmens Ihrem Kunden mehr und mehr ins Gedächtnis einbrennt und ihm vertrauter – und damit sympathischer – wird. Gleichzeitig rückt der Name Ihres Wettbewerbers in den Hintergrund und verliert bei Ihrem Kunden an Vertrautheit und bereits aufgebauter Sympathie. Sie können so das Schwarzweißdenken des dualen Denk- und Orientierungsmusters „wir" und „die anderen" weiter schüren.

- Überlegen Sie sich verschiedene Sätze zur Einleitung der Bedürfnisanalyse, die Ihre Kooperationsabsicht untermauern.
- Formulieren Sie Komplimente, die Sie dem Kunden vor jeder Einwandbehandlung machen können.
- Sammeln Sie bei der Terminvorbereitung mögliche Kundeneinwände, mit denen Sie dem Kunden Ihre Ähnlichkeit zeigen können, wenn er sie anspricht.
- Bereiten Sie im Vorfeld des Termins mögliche Einwandbehandlungen vor. Legen Sie sich konkrete Sätze in der „Wir-Form" zurecht. Achten Sie dabei darauf, dass Sie den Namen Ihres Unternehmens einbeziehen.
- Überlegen Sie, wie Sie Ihre Konkurrenz umschreiben, ohne dabei den jeweiligen Firmennamen zu nennen.

# Der Kaufschalter „Sympathie" in der Abschlussphase

In der Abschlussphase müssen Sie den Kaufentscheidungskonflikt lösen. Sie erkennen den Moment, in dem Ihr Kunde diesem Konflikt ausgesetzt ist, daran, dass er Kaufsignale an Sie sendet. Diese Signale, wie beispielsweise die Frage nach dem Preis oder nach Lieferfristen, zeigen an, dass Sie sich in der Abschlussphase befinden. Insbesondere in dieser Phase sind die Begriffe „Zusammenarbeit" und „Kooperation" unabdingbare Bestandteile Ihres Repertoires. Formulieren Sie weiterhin Ihre Sätze in Wir-Form, nennen Sie Ihren Unternehmensnamen und umgehen Sie den Ihrer Wettbewerber. Vergessen Sie auch die Bauchpinseleien nicht und machen Sie dem Kunden Komplimente. Halten Sie einfach – auch bei harten Preisverhandlungen – Ihren aufgebauten Sympathielevel! Wie Sie den Kunden zum Kauf beeinflussen, erfahren Sie in den nächsten Kapiteln. Vergessen Sie jedoch nicht, auch nach erfolgtem Abschluss Sympathiepunkte zu sammeln.

## Beispiel

*„Im Rahmen unserer künftigen Zusammenarbeit ist es mir wichtig, dass wir einen sehr engen Kontakt miteinander pflegen. Bitte sehen Sie mich als Ihren zentralen Ansprechpartner in allen Belangen zwischen Ihnen und der Name-Ihres-Unternehmens-AG. Ich freue mich schon jetzt auf unsere Zusammenarbeit, weil ich finde, dass Sie ein wirklich netter und angenehmer Gesprächspartner sind. Sie sind mir als Kunde sehr wichtig, so dass ich mich persönlich um Ihre Belange kümmern werde. Ich denke, einen solchen Service konnten Ihnen die anderen nicht bieten." („Klick")*

Ich weiß aus eigener Erfahrung, dass Ihr Kunde ein solches Angebot auch nutzen wird! Sie stellen so die Kundenzufriedenheit sicher. Dies ist die zweite Aufgabe, die Sie als Verkäufer von Ihrem Unternehmen – neben der Sicherstellung des Absatzes – auferlegt bekommen haben! Ihr Kunde soll wissen, dass Sie sich für das Gelingen der Zusammenarbeit verantwortlich fühlen. Nutzen Sie die künftigen Gespräche nach dem Verkauf, um eine immer engere Beziehung zu Ihrem Kunden aufzubauen. Sie werden ihm so immer vertrauter und sympathischer. Sie lernen die Einstellungen des Kunden besser kennen und können sie später für weitere Sympathiebeeinflussungen nutzen, wenn Sie weitere Produkte und Dienstleistungen bei Ihrem Kunden platzieren. Die Faktoren Vertrautheit und Kooperation werden ihre Wirkung auf Ihre Sympathiewerte beim Kunden nicht verfehlen!

## Merke

Je häufiger Sie mit Ihren Kunden auch nach dem Verkauf in Kontakt treten, desto enger wird Ihre Beziehung. Sie lernen Ihre Kunden besser kennen und haben so die Möglichkeit, weitere Sympathiepunkte zu sammeln und weitere Produkte oder Dienstleistungen zu platzieren.

- *Überlegen Sie sich, welchen Service Sie Ihrem Kunden nach dem Kauf bieten können. Stellen Sie auf jeden Fall sicher, dass der Kunde Sie auch künftig als seinen Ansprechpartner in Ihrem Unternehmen ansieht.*

- *Legen Sie sich eine Kundendatei an, in der Sie nicht nur geschäftliche Notizen, sondern auch Informationen aus dem privaten Bereich Ihres Kunden hinterlegen. Dies können sein: Urlaub, Krankheit, Hobbys und soziale Engagements. Sie haben so einen Fundus an Gesprächsthemen, die den Beeinflussungsfaktor Vertrautheit und Ähnlichkeit bedienen.*

- *Denken Sie bereits frühzeitig darüber nach, für welche weiteren Produkte oder Dienstleistungen Ihr Kunde in Frage kommen könnte. Nutzen Sie die Servicegespräche, um auch diese anzusprechen.*

Jetzt, wo Sie sympathisch sind, sollten Sie wissen, wie Sie den Kunden weiterhin in Richtung „Kauf" steuern! Hier gilt es insbesondere, das größtmögliche verkaufbare Angebot beim Kunden zu platzieren. Lassen Sie sich im Folgenden von dem Kaufschalter Reziprozität überraschen. Sie werden begeistert sein!

## 3.4 Zusammenfassung

| Kaufschalter Sympathie ... | ... in der Gesprächseröffnungsphase | ... in der Argumentationsphase | ... in der Abschlussphase |
|---|---|---|---|
| Je mehr eine Person Sie mag, desto anfälliger ist diese Person für Ihre Beeinflussungsversuche. | Sprechen Sie Ihren Kunden mit Namen und Titel an. Machen Sie ihm Komplimente. Spiegeln Sie ihn. Nutzen Sie die Möglichkeit zur Anwendung der Imbisstechnik. Zeigen Sie dem Kunden, dass Sie ihn kennen. | Wenden Sie die Guter-Junge/böser-Junge-Technik an. Nutzen Sie die Faktoren Komplimente und Ähnlichkeit bei der Einwandbehandlung. Lösen Sie bei Vorliegen von Wettbewerberangeboten ein Schwarzweißdenken aus. | Sorgen Sie auch nach dem Verkauf für ausreichenden Kontakt mit dem Kunden. Speichern Sie sich diese Informationen ab, damit Sie sie für künftige Sympathiebeeinflussungen nutzen können. |

# 4. Kaufschalter „Reziprozität": Wie du mir, so ich dir

Das effektivste Instrument zur Beeinflussung anderer Menschen ist die **Reziprozitätsregel**. Sie besagt, dass eine Gefälligkeit oder ein Geschenk die Verpflichtung zu einer Gegenleistung hervorrufen[52]. Reziprozität oder auch gegenseitige Begünstigung ist eine in allen Kulturen tief verwurzelte Verhaltensweise[53]. Sie als Verkäufer müssen also durch eine kleine Gefälligkeit oder ein kleines Geschenk („Klick") die Verpflichtung zum Kauf („Spul") beim Kunden auslösen. Jeder Unternehmer denkt nun an die dabei entstehenden Kosten. Aber Worte und Mimik verursachen keine materiellen Kosten. Was es mit der Reziprozitätsregel auf sich hat und wie Sie die richtigen und einschlagenden „Worte" im Verkaufsgespräch finden, erfahren Sie in diesem Kapitel.

## 4.1 Von Jägern und Sammlern

Genau wie das Gehirn – die Steuerzentrale des Menschen – ist unsere Wirtschaft ein System. Die Entwicklung unseres Wirtschaftssystems ist sehr eng mit der Entwicklung unseres Gehirns verbunden. Systeme bestehen aus unterschiedlichen Teilsystemen, die miteinander organisiert sind. Für jedes dieser Systeme gilt: Das Ganze ist größer als die Summe seiner Teile[54]! Unser Gehirn vereint die Teilsysteme des Hirnstammes, des Kleinhirns und des Großhirns. Unser Wirtschaftssystem unterteilt sich u. a. in die Teilsysteme Unternehmen, Staat und Kunden. Diese Teilsysteme können wiederum in einzelne kleinere Teilsysteme unterteilt werden. Und auch für diese Systeme gilt: Das Ganze ist größer als die Summe seiner Teile. Denn was wäre ein fertig entwickelter Mensch ohne eine Verbindung des Großhirns zu den anderen Teilen des Gehirns. Er könnte zwar denken, aber seine Bewegungen nicht aktiv steuern. Seine Bewegungen und Handlungen wären vom Instinkt sowie emotional gesteuert. Die Anwendung der Reziprozitätsregel als Beeinflussungstechnik versucht, genau diese Verbindung der anderen Gehirnteile zum Großhirn mehr oder weniger auszuschalten, um so eine instinktive, emotionale Handlung wie einen Kauf auszulösen.

Erklären werde ich Ihnen diese Möglichkeit zur Steuerung des Menschen mit der Entwicklung unseres Wirtschaftssystems, das letztendlich auf Reziprozität basiert. Unser Wirtschaftssystem funktioniert nur durch eine optimale Vernetzung der einzelnen Teilnehmer wie Unternehmen, Staat und Kunden untereinander. Ein junger Garten- und Landschaftsbauer mit Meisterbrief kann nicht den Weg der Selbstständigkeit beschreiten, ohne ein gewisses Startkapital zu investieren. Durch eine Vernetzung – also einen Informationsaustausch – mit staatlichen Stellen könnte er dieses Startkapital aus Fördermitteln einholen. Nachdem nun die Kapitalfrage geklärt ist, gilt es die Arbeitsmaterialien wie Transportmittel und Werkzeuge einzukaufen. Dies erfolgt über die Vernetzung zu anderen Unternehmen wie dem Autohändler und dem gut sortierten Gartencenter. Ist auch dieser Schritt erfolgt, wird der Kontakt zum Kunden aufgebaut. Durch die Aufträge der Kunden wird das junge Unternehmen überlebensfähig. Gäbe es keine Vernetzung zwischen den Wirtschaftsteilnehmern, würde der junge Meister schon an der Kapitalfrage scheitern.

Um solche Ideen heute umsetzen zu können, ist es also erforderlich, sich zu spezialisieren und seine speziellen Produkte, wie Arbeitsmaschinen für Garten- und Landschaftsbauer, und Dienstleistungen, wie die architektonische Gestaltung eines Gartens oder einer Landschaft, unter den Marktteilnehmern auszutauschen. Schon früh in der Evolutionsgeschichte hat sich dieser Grundstein unserer heutigen Wirtschaft – nämlich der gegenseitige Austausch von Dingen und Tätigkeiten – entwickelt.

Der homo habilis gilt als der unmittelbare Vorläufer des Menschen und bevölkerte die Welt vor rund zwei Millionen Jahren. Seine Gehirnkapazität war bereits größer als die der heutigen Menschenaffen einschließlich der Schimpansen. Beim homo habilis war das Gehirn sehr umfangreich ausgebildet (ca. 650 cm$^3$ Gehirnkapazität). Der homo habilis war in der Lage, Steinwerkzeuge herzustellen. Diese Fähigkeit gab ihm den Namen „des geschickten Menschen". Die Schwelle zum Menschlichen wurde durch seinen Nachfolger, dem homo erectus, überschritten. Der homo erectus war größer als der homo habilis und wies ein noch größeres Gehirnvolumen auf (bis zu 1.225 cm$^3$). Erst jetzt war ein ausgeprägtes Gemeinschaftsleben möglich. Der homo erectus war in der Lage, seine Nahrung und Fähigkeiten mit seinen Artgenossen zu teilen. Sein Sozialleben zeichnete sich durch ein starkes Gegenseitigkeitssystem und durch Arbeitsteilung aus. Während die Männer auf die Jagd gingen, sammelten die Frauen Früchte und Nüsse. Am Ende des Tages wurden alle Nahrungsmittel untereinander aufgeteilt. Die Nahrungssuche entwickelte sich zu einem Prozess der Zusammenarbeit, der den Lebensstandard erhöhte und eine bessere Umweltanpassung ermöglichte[55]. Die Mitglieder sozialer Gruppen des homo erectus stellten Einzelinteressen zum Wohle der Gemeinschaft zurück. Arbeitsteilung und Spezialisierung sind seitdem Kennzeichen aller Gemeinschaften und Kulturen. Sie liegen darin begründet, dass sich der einzelne Mensch bewusst ist, Teil der Gesellschaft zu sein, zu deren Gemeinwohl er beitragen kann. Erst dadurch werden technischer Fortschritt und die Beschleunigung der Kommunikation möglich, wie es sich in der derzeitigen Form darstellt, denn „die Spezialisierung ist es, die die menschliche Gesellschaft größer macht als die Summe ihrer Teile"[56].

Erst das Wissen, dass weggegebene Ressourcen nicht vollständig abgeschrieben sind, sondern in anderer Form wieder zurückkommen, baute die Hemmschwelle gegen den Austausch ideeller und materieller Güter ab, so dass sich unsere Wirtschaft so entwickeln konnte, wie wir sie heute vorfinden. Aufgrund der einfachen Verhaltensregel „Wie Du mir, so ich Dir", die durch unsere frühen Vorfahren geprägt wurde und bis heute Gültigkeit hat, haben sich komplexe Systeme wie unsere Wirtschaft gebildet.

## Die Reziprozitätsregel

Aufgrund unserer Evolutionsgeschichte ist Reziprozität eine der menschlichsten Verhaltensweisen. Die Reziprozitätsregel besagt, dass in allen Gesellschaften eine Gabe mit einer Gegengabe honoriert wird – frei nach dem Motto: „Wie du mir, so ich dir!" oder „Wie es in den Wald hineinruft, so schallt es auch heraus!" Durch eine einfache Gefälligkeit oder ein kleines Geschenk kann bei dem Menschen der „Klick-Spul-Effekt" ausgelöst werden. Aufgrund ihres frühen Ursprungs im Verhalten der Menschen hat die Reziprozitätsregel eine besondere Bedeutung. Sie ist so fest in uns verankert, dass sie fast immer wirkt.

Reziprozität ist ein hoch entwickeltes System des gegenseitigen Verpflichtetseins, das im Rahmen unserer sozialen Entwicklung über Generationen hinweg bewahrt wird[57]. Egoistische Verhaltensweisen werden aus diesem Grunde durchweg mit sozialen Sanktionen bestraft, während Selbstlosigkeit von nahezu allen Menschen geschätzt wird[58]. Kleine Gefälligkeiten oder auch einfache Mimiken wie ein Lächeln („Klick") lösen in Interaktionen daher unweigerlich das Reaktionsmuster „Zurückgeben" („Spul") aus, um Gerechtigkeit zwischen den Interaktionspartnern herzustellen. Eine solche Gerechtigkeit herrscht dann, wenn in einer Beziehung der Profit jedes Einzelnen gleich seinen Investitionen ist. Durch Eingaben, beispielsweise in Form eines Lächelns, wird bei Ihrem Gegenüber ein Spannungszustand ausgelöst. Er wird motiviert, diesen Spannungszustand durch Herstellung von Gleichgewicht abzubauen. Eine gleichgewichtige Beziehung kann in einer einfachen Formel dargestellt werden[59]:

$$\frac{Erträge\ von\ A}{Eingaben\ von\ A} = \frac{Erträge\ von\ B}{Eingaben\ von\ B}$$

Die folgende Übung zeigt Ihnen, wie die Reziprozitätsregel in der Praxis einfach angewendet werden kann und wie effektiv sie ist.

*Gehen Sie auf die Straße. Lächeln Sie dort alle Personen an, die Ihnen begegnen und mit denen Sie Blickkontakt haben. Suchen Sie dabei bewusst den Blickkontakt. Notieren Sie in Form einer Strichliste die Anzahl der Lächler, auf die von Ihnen ein Gegenlächeln ausgelöst wurde.*

*Anzahl Ihres Lächelns („Klick")*

*Anzahl Gegenlächeln („Spul")*

Herzlichen Glückwunsch! Sie haben mit dieser Übung Ihre ersten praktischen Gehversuche bei der Anwendung von Beeinflussungstechniken gemeistert. Sie haben andere Menschen dazu gebracht, etwas zu tun, was Sie im Vorfeld bestimmt haben, ohne dass Sie diese Menschen überhaupt kennen. Gleichzeitig haben Sie die Kontrolle Ihrer Mimiken trainiert. Es ist nicht einfach, ein wirklich ehrlich gemeintes Lächeln auf Kommando hinzubekommen. Aber nur als „echt" angekommene Lächler lösen ein echtes Gegenlächeln aus. Sie werden sehen, dass die Strichlisten ein nahezu ausgewogenes Verhältnis aufweisen, je besser Sie auf Kommando lächeln können.

## Tipp

Trainieren Sie Ihre Mimiken! Führen Sie die Lächel-Übung durch, wann immer sie Ihnen in den Sinn kommt. Gehen Sie quasi als Dauerbeeinflusser durch die Welt. Machen Sie mit sich einen kleinen täglichen Wettbewerb und versuchen Sie, die Anzahl der am Vortag beeinflussten Personen zu schlagen. Sie lernen so, immer bewusster mit Ihrem Gesichtsausdruck umzugehen. Dieses tägliche Training hat übrigens auch einen nicht unerheblichen positiven Nebeneffekt: Sie wirken freundlicher auf Ihre Mitmenschen und beeinflussen gleichzeitig Ihre persönliche Steuerzentrale, wirklich glücklicher zu sein. Verkäufer sind Dauerlächler!

Die Reziprozitätsregel ist so durchschlagend, dass sie andere Faktoren, wie empfundene Sympathie, ausschaltet. Sie kann von jedermann angewendet werden, auch ohne dass sein Gegenüber ihn mag oder gar kennt. Kleine Gaben erhöhen in erheblichem Maße die Wahrscheinlichkeit („Klick"), dass ein entsprechender Gegenzug erfolgt („Spul"). Dies gilt auch, wenn es sich um eine ungebetene Vorleistung handelt[60]. Die Reziprozitätsregel wird daher in vielen Bereichen angewandt.

## 4.2 Die Macht der Beeinflussung oder Selbstlosigkeit zum Zweck des Egoismus

Wir sind immer und überall Beeinflussungen ausgesetzt. Ein gutes Beispiel aus der Politik für die Anwendung der Reziprozitätsregel sind die stetig wiederkehrenden Wahlgeschenke am Ende einer jeden Legislaturperiode. Es ist immer wieder aufs Neue der Versuch, das Stimmverhalten der Wähler für die kommende Wahl zu beeinflussen.

Bei postalischen Befragungen zum Zweck der Marktforschung werden bereits neben dem obligatorischen frankierten Rückumschlag kleine Geldgeschenke („Klick") beigelegt, um die Rücklaufquote zu erhöhen („Spul"). Solche Ausschöpfungsquoten sind ein aktuelles Thema der Sozialforschung. Durch zahlreiche Studien konnte nachgewiesen werden, dass die monetäre „Vorabbezahlung" einen beachtlichen positiven Einfluss auf die Rücksendung ausgefüllter Fragebögen hat[61]. Es konnte sogar gezeigt werden, dass die Beigabe eines 5-Dollar-Scheins zur Erhöhung der Rücklaufquote doppelt so effizient ist wie das Versprechen, ausgefüllte Fragebögen im Nachhinein mit 50 Dollar zu vergüten[62].

Oder werfen wir einen Blick in den Handel: Wer kennt nicht die lieben, netten Promoter neuer Produkte im Supermarkt, die hinter einem sorgsam aufgebauten, Aufmerksamkeit erregenden Stand stehen und Sie mit einem Lächeln ansprechen. Sofort wird Ihnen eine kleine Produktprobe geschenkt („Klick") und der Promoter teilt Ihnen gleichzeitig mit, dass dieses Produkt am heutigen Aktionstag zum Sonderpreis zu erstehen ist. Wir alle haben uns bei kleinen Konsumgütern schon zu einem solchen Spontankauf hinreißen lassen („Spul")[63]. An dieser Stelle darf ich Ihnen verraten, dass ich mir mein Studium durch solche Promotorentätigkeiten finanziert habe, bevor ich dann als studierender Barkeeper durch das Leben zog.

Andere Beispiele sind die kleinen Tellerchen auf der Theke beim Metzger um die Ecke, mit denen Ihnen scheinbar selbstlos besondere Wurstspezialitäten zum Probieren angeboten werden. Aber Vorsicht! Sobald Sie probieren, sitzen Sie in der Falle („Klick"). Sie haben ein Geschenk entgegengenommen. Der beeinflussende Metzger wird Sie sofort fragen: „Und? Schmeckt's?" Nun sind Sie ein höflicher Mensch. Und was sagen höfliche Menschen? Natürlich: „Lecker!" Und was folgt: „Soll ich Ihnen 100 g für zu Hause auflegen?" Stellen Sie sich die Situation bitte vor und überlegen Sie, welche Antwort Sie dem netten Metzger auf seine Frage vor den anderen Kunden geben. Ich bin sicher, Sie haben ein neues Bild vor Ihrem geistigen Auge: Sie sitzen zu Hause mit Ihrem Tellerchen und 100 g von dieser besonderen Wurstspezialität darauf („Spul").

Im Rahmen der Einführung von Feinstaubplaketten in Deutschland bietet ein Autohersteller an, die Autos derjenigen kostenlos mit einer Feinstaubplakette zu bestücken, die eine Probefahrt mit einem Wagen dieses Herstellers vereinbaren. Während der Probefahrt wird der Wagen des Interessenten mit der Plakette versehen. Der Hintergedanke ist klar: Ist die Probefahrt zu Ende, kann der Autoverkäufer sicher sein, dass er ein Gespräch mit den potenziellen Kunden führen darf. Verkaufsgespräche, die ohne dieses Angebot vielleicht nie zustande gekommen wären.

Wie ich Ihnen schon erzählt habe, war ich in meinem früheren Leben Barkeeper. Ich möchte Ihnen auch aus dieser Zeit ein Beispiel für die durchschlagende Kraft der Reziprozitätsregel nennen. Zusammen mit meiner heutigen Frau bewohnte ich eine Studentenwohnung mitten in der City unserer Heimatstadt. Die Lage unserer Wohnung machte es möglich, uns das Studentenleben durch ausschweifende Partys zu versüßen, ohne den Führerschein zu riskieren. Da wir als Gäste häufig an der Bar anzutreffen waren, konnten wir auch beobachten, dass das dort angestellte Personal mindestens eine genauso gute Party hatte wie wir. Schnell war die Idee geboren, weiter den Feierlichkeiten nachzugehen, aber gleichzeitig dabei Geld zu verdienen – und nicht auszugeben. Genauso schnell stand der Termin mit dem Besitzer unserer Stammdiskothek, bei dem gleich der erste Arbeitstag festgelegt wurde. Da wir uns als Team verkauft hatten, wurde uns auch eine Bar als Arbeitsstätte zugeteilt. Was uns natürlich sehr entgegen kam. Wir wollten ja weiterhin gemeinsam feiern! Innerhalb kürzester Zeit haben wir uns in unsere neue Tätigkeit eingearbeitet, und es schlich sich auch ebenso fix ein kleines Ritual ein, das wir stets zu Beginn unserer Schicht wiederholten. Dieses Ritual bestand darin, dass wir alle anwesenden Gäste zu einem Pintchen Kräuterschnaps an unserer Bar einluden. Wir stellten ihnen das Gläschen einfach vor die Nase. Das Ergebnis war, dass unsere Bar die mit dem meisten Umsatz und dem meisten Trinkgeld war. Und seien Sie sicher: Wir hatten die beste Party!

Ich habe mir dieses Ergebnis später in meiner wissenschaftlichen Arbeit über die Reziprozitätsregel erklären können. Die Reziprozitätsregel nutzt das unbewusste Bestreben der Menschen, nicht gegen eben diese Regel zu verstoßen. Sie führt zu einem Zwang, der den Beschenkten dazu veranlasst, Ihnen wiederum etwas Gutes zu tun. In dem Fall unserer Barkeepertätigkeit äußerte sich dieser Zwang in Form von erhöhten Bestellungen und dem damit verbundenen Trinkgeld.

Der Zwang, der durch das Gefühl des Verpflichtetseins ausgelöst wird, ist so erheblich, dass er auch in umgekehrter Richtung funktioniert. Es konnte nachgewiesen werden, dass Personen, die geben und nicht die Möglichkeit des Zurückgebens bieten, genauso mit sozialen Sanktionen belegt werden, wie Personen, die nehmen ohne zu geben[64]. Der Spannungszustand des Ungleichgewichtes kann so nicht abgebaut werden. Wenn Sie jemanden also einmal nicht mögen, dann schenken Sie ihm etwas und lehnen alle künftigen Hilfsangebote und Geschenke von Seiten dieser Person ab. Es wird nicht lange dauern und derjenige wird den Umgang mit Ihnen meiden.

## Von Gewinnern, die Verlierer sind

Eine subtilere Art, die Reziprozitätsregel zur Beeinflussung zu verwenden, ist die **Tür-ins-Gesicht-Technik**. Dabei tun Sie jemandem nicht etwa einen Gefallen oder übergeben ihm ein Geschenk, um eine Gegenleistung zu erhalten, sondern Sie kommen ihm durch Zugeständnisse entgegen. Diese Taktik wird sehr häufig bei Verhandlungen angewandt. Dabei werden zunächst größere Bitten bzw. Forderungen gestellt, die vom Verhandlungspartner abgelehnt werden. Aufgrund dieser Ablehnung wird eine erneute Bitte bzw. Forderung in den Raum gestellt, die geringere Ausmaße als die vorherige hat. Der Verhandlungspartner wird dann ebenfalls von seinem Standpunkt abweichen und mit Zugeständnissen reagieren. Auch ist die Wahrscheinlichkeit, dass der Verhandlungspartner auf die zweite Bitte bzw. Forderung eingeht, wesentlich höher[65]. Die Reziprozitätsregel lenkt so den Kompromissfindungsprozess. Sie übt durch ein erfolgtes Zugeständnis Druck auf den Verhandlungspartner aus, ebenfalls mit Konzessionen zu reagieren. Gleichzeitig ermöglicht sie dem Anwender durch ein erstes Zugeständnis, den Austauschprozess in Gang zu setzen[66]. Aber nicht immer zeigt sich der Verhandlungspartner kooperativ und reagiert auf ein Entgegenkommen ebenfalls mit einem Entgegenkommen. Um auch in einer solchen Situation ein möglichst gutes Ergebnis zu erzielen, muss eine Variante der Tür-ins-Gesicht-Technik angewandt werden: die **Mit-gleicher-Münze-heimzahlen-Technik**. Dabei kommt man dem Verhandlungspartner zunächst entgegen und übernimmt in den nächsten Zügen sein Verhalten. Verharrt das Gegenüber auf seinem Standpunkt, so macht man ebenfalls keine Zugeständnisse mehr. Weicht der Verhandlungspartner daraufhin jedoch von seinem bisherigen Standpunkt ab, können weitere Zugeständnisse erfolgen. Auf diese Weise vermeidet man das Eskalieren einer unkooperativen Verhandlung[67].

Verhandlungen unter Anwendung dieser Techniken werden in der Öffentlichkeit immer dann ausgetragen, wenn wieder einmal eine Gewerkschaft eine Forderung nach höheren Löhnen erhebt[68]. Es werden meist utopische, zweistellige prozentuale Lohnerhöhungen gefordert (Tür-ins-Gesicht-Technik). Diese Forderung wird von der Arbeitgebervertretung strikt abgelehnt. Die Verhandlungen werden abgebrochen, und die Gewerkschaften drohen mit Warnstreiks (Mit-gleicher-Münze-heimzahlen-Technik). Es folgt nun wiederum ein Zugeständnis der Arbeitgeberseite in Form eines inakzeptablen Angebots zur Lohnerhöhung – meist unter der Inflationsrate liegend. Dieses Spielchen wiederholt sich so oft, bis wir im Fernsehen die jeweiligen Hauptvertreter der verschiedenen Fraktionen mitten in der Nacht mit gelockerten Krawatten aus dem Verhandlungszimmer vor die Presse treten sehen und sie gemeinsam und voller Stolz eine Einigung verkünden. Es handelt sich hier um ein sich dauernd wiederholendes Reziprozitätsschauspiel, wie es schöner nicht sein kann.

Das Komische an solchen Tarifverhandlungen ist immer, dass beide Vertreter bei der Pressekonferenz einen zufriedenen Eindruck machen und sich jeder Einzelne von ihnen das Zustandekommen der Vereinbarung auf die Fahnen schreibt – obwohl das Verhandlungsergebnis weit unter der ersten Forderung bzw. weit über dem ersten Angebot liegt. Warum das so ist, erklären die Ergebnisse eines Experiments, das Sozialpsychologen an der Universität von Los Angeles durchgeführt haben. Dabei wurden Versuchspersonen gebeten, eins von sechs möglichen Verhandlungsergebnissen (A bis F) in einer bestimmten Zeit untereinander auszuhandeln. Die Ausgangsmöglichkeiten sahen verschiedene Geldbeträge für die Versuchspersonen vor; sie sind in der folgenden Tabelle zusammengefasst. Konnte in der vorgegebenen Zeit keine Einigung erzielt werden, kam es zu keiner Ausschüttung.

| Versuchsperson 1 | $ 3.00 | $ 2.50 | $ 2.00 | $ 0.70 | $ 0.60 | $ 0.50 |
|---|---|---|---|---|---|---|
| | A | B | C | D | E | F |
| Versuchsperson 2 | $ 0.50 | $ 0.60 | $ 0.70 | $ 2.00 | $ 2.50 | $ 3.00 |

*Tabelle 3: Ausgangsmöglichkeiten des Experiments,*
*Quelle: Benton/Kelley/Liebling (1972), S. 74*

Der in der Tabelle als Versuchsperson 2 gekennzeichnete Verhandlungspartner war allerdings Mitglied des Forscherkreises. Er hatte die Anweisung, die Verhandlung auf drei verschiedene Arten zu führen:

1. auf Standpunkt F bis zum Ende der vorgegebenen Zeit zu verharren.

2. auf Standpunkt D bis zum Ende der vorgegebenen Zeit zu verharren.

3. von Standpunkt F sukzessive über E zu Standpunkt D zu wechseln.

Aus den Fragebögen, die die Versuchspersonen im Anschluss an die Verhandlungen ausfüllten, konnte man entnehmen, dass sich die Versuchspersonen bei der dritten Verhandlungsform eher für das Ergebnis verantwortlich fühlten und auch mit dem Ergebnis zufriedener waren als bei der ersten und zweiten[69]. Der Gewinner des Arbeitskampfes ist sicherlich derjenige, der die Verhandlungen begonnen hat, sich genauso wie in dem Experiment auf einen der unteren Standpunkte festgelegt hat und sich diesem sukzessive annähert. In unserem Fall die Gewerkschaften. Ohne eine erste Forderung wäre nie eine Lohnerhöhung erfolgt. Dennoch fühlen sich in solchen Fällen auch immer die Arbeitgebervertreter als die Sieger, obwohl sie die eigentlichen Verlierer sind.

---

**Merke**

Die Tür-ins-Gesicht-Technik lenkt den Kompromissfindungsprozess. Durch übertriebene Forderungen können im Vorfeld festgelegte kleinere Forderungen durchgesetzt werden. Dieses Wissen wird Ihnen künftig helfen, Forderungen und Gefälligkeiten bei Ihren Mitmenschen einzuholen.

---

Es geht aber auch andersherum: Ein Unternehmen könnte argumentieren, dass die Wettbewerbsfähigkeit nicht mehr gegeben ist. Um auch künftig auf dem Markt zu bestehen, müssen Stellen ausgelagert werden. Diese Auslagerung würde mit einer völlig überzogenen zweistelligen prozentualen Lohnkürzung einhergehen (Tür-ins-Gesicht-Technik). Eine solche Forderung von Seiten der Arbeitgeber löst ebenfalls einen Arbeitskampf wie oben beschrieben aus. Das Ergebnis wird auch hier ein Konsens sein, jedoch sind jetzt die Arbeitgebervertreter die Gewinner und die Gewerkschaften bzw. Betriebsräte die Verlierer. Sicher ist auch hier: Der Auslöser des Arbeitskampfes war sich im Vorfeld sicher, dass die erste Forderung aufgrund einer übertriebenen Höhe nie hätte durchgesetzt werden können. Die Forderung musste jedoch überzogen sein, da sonst der Kompromissfindungsprozess – gelenkt durch die Tür-ins-Gesicht-Technik – nicht in Gang gekommen wäre. Und sicher ist auch: Beide fühlen sich am Ende als Gewinner.

Für den Verkauf bedeutet dies, dass dem Kunden zunächst Produkte oder Dienstleistungen im oberen Preissegment angeboten werden können. Entsprechen diese nicht seinen Vorstellungen, kann man immer noch – mit guten Verkaufschancen – auf günstigere Produkte zurückgreifen[70]. Die Tür-ins-Gesicht-Technik erhöht bei ihrer Anwendung nicht nur die Verkaufschancen, sondern auch die Wahrscheinlichkeit, dass Verträge, die auf diese Art geschlossen werden, auch eingehalten werden. Denn der Kunde fühlt sich für den Kauf verantwortlich und ist mit dem Verhandlungsergebnis zufrieden.

---

**Tipp**

Immer wenn Sie künftig auf die Mithilfe Ihrer Mitmenschen angewiesen sind oder wenn Sie von jemandem etwas einfordern müssen, wenden Sie die Tür-ins-Gesicht-Technik an. Wenn Sie beispielsweise einen Umzug planen, dann ist klar: Eine Frage nach Hilfe wird bei Ihren Bekannten nicht gerade freudestrahlend aufgenommen werden. Insbesondere am Tag des Möbelrückens kommt es immer zu vielen Absagen. Beginnen Sie doch die Bitte nach Hilfe mit folgender Forderung: „Ich habe meinen Umzug geplant und dabei veranschlagt, dass ich drei Tage alleine für die Schlepperei benötige. Ich habe Dich als meinen guten Freund für alle drei Tage eingeplant. Geht das In Ordnung?" Aufgrund der Tür-ins-Gesicht-Technik werden Sie mindestens einen Tag herausholen.

---

Im Verkauf wird die Tür-ins-Gesicht-Technik auch immer dann angewendet, wenn Preisverhandlungen wahrscheinlich werden. Eine Möglichkeit, Verhandlungen von vornherein zu umgehen, ergibt sich, wenn man einem Käufer zunächst ein Produkt anbietet und, bevor dieser ablehnen kann, das Angebot durch die Zugabe eines weiteren Produkts erhöht bzw. den Preis verringert. Der Kunde fühlt sich bestenfalls spontan zum Kauf verpflichtet, ohne dass es zu einer Verhandlung gekommen ist. Bei dieser Abwandlung der Tür-ins-Gesicht-Technik wird von der **Das-ist-noch-nicht-alles-Technik** gesprochen.

Das folgende Kapitel zeigt, wie Sie den Kaufschalter „Reziprozität" im Verkaufsgespräch drücken.

## 4.3 Der Kaufschalter „Reziprozität" in den Phasen des Verkaufsgesprächs

*„Das ist für dich! Wirklich, ohne Hintergedanken!"*

# Die Weihnachtsfeier

Im Sommer des vergangenen Jahres hatte ich bei einem bekannten Gastronomen einen Termin zu einer Versicherungs- und Finanzberatung. Das Verkaufsgespräch begann mit dem üblichen Smalltalk. Wir unterhielten uns über die Gastronomiebranche. Manchmal glaube ich, es ist eine eiserne Grundregel, dass alle Unternehmer zuerst einmal jammern – egal, wie gut die Geschäfte laufen. So auch dieser Kunde. Wegen der schlechten Konjunktur hätten die Gäste weniger Geld in der Tasche, so dass sie bei der Auswahl der Speisen und Getränke mehr und mehr auf den Preis und weniger auf die geschmackliche Qualität achteten; die Fleischskandale und die Diskussion über das Rauchverbot in Kneipen täten ein Übriges, um die Einnahmen der Gastronomen zu schmälern. Der Kunde war sehr hektisch und signalisierte mir, dass er wegen der genannten Schwierigkeiten nur wenig Zeit für unser Gespräch aufbringen könne. Das ist erst einmal eine schlechte Voraussetzung für ein Verkaufsgespräch, das beratungsintensive Dienstleistungen und Produkte zum Inhalt hat. Um das Gespräch wieder in die richtige Bahn zu lenken, sagte ich daraufhin, fast beiläufig und eher scherzhaft, zu ihm: „Als ich vorhin mein Büro verließ, erzählte ich meinen Mitarbeitern, dass ich heute meinen Termin mit Ihnen habe und diesen auch dazu nutzen werde, in Ihrem Restaurant einen Tisch für unser jährliches Weihnachtsessen zu reservieren. Ich gehöre also nicht zu denjenigen, die die derzeitige Situation der Gastronomen zu verantworten haben.“

Ich muss dazu anmerken, dass das Gespräch im Büro tatsächlich in etwa so stattgefunden hatte. Genau an diesem Tag war auch der erste Arbeitstag einer neuen Mitarbeiterin. Die anderen Kollegen waren damit beschäftigt, sie in die Geflogenheiten unseres Unternehmens einzuweihen, und erzählten ihr verschiedene Anekdoten aus der Vergangenheit. Unter anderem auch die Geschichte von der letzten Weihnachtsfeier, die in einem weniger schönen Rahmen stattgefunden hatte. Hintergrund war, dass ich es versäumt hatte, rechtzeitig einen Tisch in einem Restaurant zu reservieren, so dass alle später von mir ins Auge gefassten Lokale bereits ausgebucht waren. Das Ende vom Lied war eine Reservierung in einem Restaurant, das offensichtlich deshalb noch freie Plätze hatte, weil der Service schlecht, das Essen mittelmäßig und die Preise hoch waren. Als ich meinen Mitarbeitern dann von dem bevorstehenden Termin bei dem renommierten Gastronomen berichtete, stellte ich ihnen in Aussicht, dass ich bei einem Abschluss auch gleich eine Reservierung vornehmen könnte.

Aufgrund des Gesprächsverlaufs wartete ich allerdings nicht den Abschluss des Geschäfts ab, sondern kündigte gleich von vornherein die Reservierung an. Die Ankündigung der Reservierung passte gerade in das Gespräch, eine Feier musste so oder so stattfinden und der Ruf des Restaurants sagte mir, dass es ohnehin an den Feiertagen ausgebucht sein würde. Mit einer frühzeitigen Reservierung machte ich also keinen Fehler.

Mir war zu diesem Zeitpunkt gar nicht bewusst, was ich mit dieser Ankündigung der Weihnachtsfeier ausgelöst hatte. Ich habe die Reziprozitätsregel angewandt. Versicherungsvertreter haben in unserem Land den Ruf, auf Teufel komm raus Produkte an den Mann bringen zu wollen. Dennoch gibt es gute Terminierer, die uns Versicherungsvertretern entsprechende persönliche Kontakte zum Kunden ermöglichen. Obwohl die Arbeit unserer Terminierer schon sehr gut war, führt der Ruf eines Versicherungsvertreters natürlich auch dazu, dass sich die Kunden nun im Vorfeld Abwehrstrategien ausdenken, um die Unverbindlichkeit eines Gesprächs zu unterstreichen. Die Jammerei des Kunden zu Beginn des Gespräches schien eine solche Abwehrstrategie zu sein. Sie war als bewusster Hinweis gedacht, dass der Kunde ja generell Versorgungsbedarf hatte, im Moment jedoch vor anderen Problemen stand, die seine ganze Zeit in Anspruch nahmen. Nach der Ankündigung meiner Weihnachtsfeier änderte sich jedoch das Verhalten des Kunden. Er wies mich in die hintere Ecke des Restaurants an einen Tisch, gab einer Kellnerin die Anweisung, zwei Gläser Wasser zu bringen, und hörte sich in aller Ruhe meine Ausführungen an. Der Abschluss des Geschäfts stellte sich zwar erst einige Tage später ein, hätte ich jedoch nicht durch mein erstes Entgegenkommen den Spannungszustand „Zurückgeben" ausgelöst, wäre ich gar nicht erst mit dem Kunden an einen Tisch gekommen.

Nun werden Sie denken, dass Sie nicht jedes Mal einen Kauf durch einen Gegenkauf herbeiführen können. Es sei denn, Sie haben – wie ich in diesem Fall – einen tatsächlichen Bedarf. Sie können aber die Reziprozitätsregel in der Gesprächseröffnungsphase nutzen, um durch ein Entgegenkommen ein Ungleichgewicht zu erzeugen, das die Handlung „Zurückgeben" und damit den „Klick-Spul-Effekt" für die Verpflichtung des Kunden zum Kauf auslöst.

## Der Kaufschalter „Reziprozität" in der Gesprächseröffnungsphase

Sie müssen die Gesprächseröffnungsphase nutzen, um die Reziprozitätsgleichung sehr schnell zu Ihren Gunsten ins Wanken zu bringen. Bauen Sie den Spannungszustand „Zurückgeben" auf („Klick"), der schließlich zu einem Ausgleich durch einen Kauf des Kunden führt („Spul"). Ein einfaches Lächeln – von Ihnen als Dauerlächler – reicht hier nicht mehr aus. Der Kunde baut den Spannungszustand sehr schell durch ein Gegenlächeln ab. Allerdings haben Sie so schon für eine angenehme Gesprächsatmosphäre gesorgt, die das Drücken des Sympathieschalters unterstützt.

Die Gesprächseröffnungsphase eignet sich besonders für das Verteilen kleiner Geschenke. Denken Sie jetzt nicht, dass Sie vor jedem Verkaufsgespräch den nächsten Blumenladen ansteuern sollen. Es gibt allerdings ein Geschenk, das Sie immer dabei haben. Ihre Visitenkarte! In jedem Verkaufsgespräch werden zu Beginn – fast beiläufig – die Visitenkarten übergeben. Nutzen Sie dieses Ritual, um Ihre Visitenkarte zu verschenken. Aus Ihrer Visitenkarte wird ein Geschenk, wenn Sie sie nicht mit Ihrer Handynummer versehen. Ja, richtig, die Karte erhält einen Mehrwert, wenn sie weniger Informationen enthält. Sie sollen Ihrem Kunden diese Information natürlich nicht vorenthalten. Sie notieren sie für ihn handschriftlich auf der Karte. Dabei müssen Sie geschickt das Gespräch auf die Karte lenken:

**Beispiel**

*„Ich gebe Ihnen meine Karte, damit Sie auch meine Koordinaten haben."*

Gehen Sie die Angaben auf Ihrer Karte nochmals mit dem Kunden durch:

*„Hier ist meine Adresse und meine Büronummer."*

Jetzt kommt der entscheidende Moment:

*„Ich gebe Ihnen am besten auch einmal meine Handynummer. Es kommt häufig vor, dass Sie nur meine Mitarbeiter oder meine Sekretärin erreichen." („Klick")*

Machen Sie sich wichtig. Zeigen Sie, dass Sie eine viel gefragte Person sind, die sich die Sicherstellung der Erreichbarkeit mit Mitarbeitern und einer Sekretärin leisten kann. Zücken Sie einen tollen Füller und versehen Sie vor den Augen des Kunden – in Ihrer schönsten Schönschrift – die Karte mit Ihrer Handynummer. Machen Sie dem Kunden das Geschenk Ihrer dauerhaften persönlichen Erreichbarkeit! Der Kunde findet sich dann übrigens auch wichtig. Achten Sie darauf, dass sich Ihr persönliches Schriftbild adäquat in das Gesamtbild der Karte einfügt. Denn schöne Karten werden bei der Aufbewahrung besonders sorgfältig behandelt.

**Übung**

*Nehmen Sie Ihre Visitenkarte und üben Sie ein schönes Schriftbild an einer Stelle, wo Sie genug Platz haben. Verwenden Sie hier nicht die Rückseite. Der Kunde soll sich ständig an Ihr Geschenk erinnern, wenn er Ihre Karte nur sieht. Häufig muss Ihre Visitenkarte aus Gründen der Corporate Identity des Unternehmens und wegen gesetzlicher Vorgaben bestimmte Informationen enthalten. Überlegen Sie dann, welche Informationen Sie auf der Karte zunächst weglassen können, die Sie dem Kunden dann schenken, oder welche Informationen Sie zusätzlich schenken können.*

**Tipp**

Die von Ihnen in der Übung als gut befundenen beschrifteten Karten müssen Sie nicht wegwerfen. Verwenden Sie diese für Ihre ersten Gehversuche bei der Anwendung der Reziprozitätsregel. Ergänzen Sie den Übergabedialog mit dem Satz „Ich habe Ihnen vorab schon mal meine Handynummer notiert, da ich nur schwer erreichbar bin."

Auch Informationen über den Kunden können Sie in der Gesprächseröffnungsphase zu kleinen Geschenken machen. Das A und O bei erfolgreichen Verkaufsgesprächen ist die Vorbereitung des Termins. Neben der fachlichen Vorbereitung müssen Sie sich auch auf den Kunden vorbereiten. Holen Sie Informationen über die Branche ein, in der er tätig ist. Überlegen Sie, welche Kontakte und Verbindungen Sie zu der Branche haben. Sie werden überrascht sein, wie schnell Sie einen Kontakt oder eine Verbindung in die Branche des Kunden bei sich finden. Insbesondere in der Gesprächseröffnungsphase wird eher über die persönlichen Dinge des Kunden als über das Produkt oder die Dienstleistung, die Sie verkaufen, gesprochen. Nutzen Sie Ihre gute Terminvorbereitung und die gewonnenen Informationen über Ihren Kunden sowie die recherchierten Kontakte und Verbindungen, die Sie zu der Branche des Kunden haben, um auch so erste beeinflussende „Klicks" zu streuen.

Egal, in welcher Branche Ihr Kunde tätig ist – Sie haben stets die Möglichkeit, ihm in der Gesprächseröffnungsphase kleine, ungebetene Gefallen zu tun. Viele Unternehmer nutzen ihre Büro- und Geschäftsräume für die Auslage von firmeneigenen Flyern. Im Rahmen von Terminen bei Geschäftskunden sollten Sie bereits beim Betreten der Firma die Räumlichkeiten screenen und solche Flyer suchen. Die Produktbroschüren befinden sich in der Regel auf dem Empfangstresen oder auf dem Tisch in einer Sitzecke. Nehmen Sie sich davon einige – nicht zu viele und auch nicht zu wenige – und teilen Sie dem Kunden mit, dass Sie diese an potenzielle Neukunden verteilen („Klick"). Begründen Sie Ihren Kontakt mit diesem Personenkreis über die Verbindung, die Sie mit der jeweiligen Branche haben.

Spezialisieren Sie sich auf eine festgelegte Branche bzw. Zielgruppe. Und bewegen Sie sich intensiv in deren Kreisen. Denn nur so weiten Sie die Anzahl Ihrer Verbindungen innerhalb dieser Branche aus. Sie können auf diese Weise immer bessere Beziehungen für Ihren Kunden vermitteln und bei ihm das Verbundenheitsgefühl auslösen („Spul"). Diese Form, die Reziprozitätsregel zu nutzen, nämlich Flyer des Kunden an seine potenziellen Neukunden weiterzugeben, ist der erste Schritt zu einem professionellen **Networking**.

## Übung

*Sofern Sie noch keine klar definierte Zielgruppe haben, legen Sie diese nach folgenden Gesichtspunkten fest:*
- *Welche Branchen kommen für meine Produkte bzw. Dienstleistungen in Frage?*
- *In welchen dieser Branchen habe ich die meisten Kontakte?*

*Überlegen Sie sich auch, welchen Mehrwert Ihre Kunden durch Sie und Ihre Kontakte zu dieser Branche generieren können.*

Je besser die Geschäftsbeziehungen sind, die Sie dem Kunden vermitteln („Klick"), umso größer ist auch sein Verbundenheitsgefühl Ihnen gegenüber („Spul").

### Beispiel

*„Ich habe gestern erst einen Kollegen von Ihnen kennen gelernt, der derzeit nicht über eine schlechte Auftragslage klagen kann. Der hat wahnsinnige Kapazitätsengpässe und sucht händeringend nach Unterstützung aus seiner Branche."*

Stellen Sie sich bitte vor, wie intensiv das „Klick" bei Ihrem Kunden ist, wenn Sie diesen Satz in der Gesprächseröffnungsphase sagen und Ihrem Kunden den Namen des Kollegen nennen. Der „Klick-Spul-Effekt" wird natürlich nur dann ausgelöst, wenn Ihr Kunde gerade nicht selbst Kapazitätsengpässe hat.

Handelt es sich bei Ihrem Kundentermin um einen Termin bei einem Unternehmer, bei dem Sie bereits Kunde sind, haben Sie mit der Reziprozitätsregel einfaches Spiel. Insbesondere in der

Versicherungs- und Finanzdienstleistungsbranche kann es vorkommen, dass Sie einmal einen Termin bei Ihrem Bäcker oder Metzger haben. Nutzen Sie die Terminvorbereitung und erkunden Sie den Wettbewerb Ihres Kunden. Suchen Sie gezielt nach Faktoren, die für und gegen sein Unternehmen sprechen. Wenn Sie nun im Smalltalk mit dem Kunden sind, machen Sie ihn mit den Ergebnissen Ihrer Recherche vertraut.

**Beispiel**

*„Eine Bekannte hat mir erzählt, dass ein Kollege von Ihnen wesentlich günstiger ist. Sie hat mir direkt seine Rufnummer geben wollen. Ich habe aber gesagt, dass ich mich bei Ihnen sehr gut aufgehoben fühle." („Klick")*

Wenn Sie dem Kunden außerdem noch helfen wollen, diesen soeben ausgelösten Spannungszustand des „Zurückgeben-Wollens" abzubauen, sagen Sie:

*„Aber ich bin ja heute hier, damit Sie möglicherweise auch mein Kunde werden." („Klick")*

Nachdem Sie die ersten „Reziprozitäts-Klicks" zur Auslösung des Klick-Spul-Effekts in der Gesprächseröffnungsphase gedrückt haben, machen Sie in der Argumentationsphase genauso weiter.

# Der Kaufschalter „Reziprozität" in der Argumentationsphase

Die Argumentationsphase ist geprägt durch den Auswahlkonflikt des Kunden. Der Kunde wägt an dieser Stelle ab, welches Produkt für ihn in Frage kommt. Ihre Aufgabe ist es, die Bedürfnisse des Kunden zu ermitteln. Dazu nutzen Sie am besten offene Fragen.

*„Welche Erwartungen haben Sie an unser Produkt oder unsere Dienstleistung?"*

*„Wie wollen Sie das Produkt in der täglichen Praxis nutzen?"*

*„Für welchen Personenkreis kommt unser Produkt bzw. die Dienstleistung in Frage?"*

*„Wann benötigen Sie das Produkt oder die Dienstleistung?"*

Die Bedürfnisse und die Bedürfnisbefriedigung sind die Kernelemente des Auswahlkonfliktes. Diesen Konflikt können Sie als Tür-ins-Gesicht-Techniker zu Ihrem Vorteil lösen, indem Sie dem Kunden helfen, das höchstmögliche an ihn verkaufbare Angebot zu wählen. Fangen Sie bei der Vorstellung Ihres Produkts oder Ihrer Dienstleistung immer mit dem hochwertigsten Produkt an, das die Bedürfnisse des Kunden befriedigen kann und für ihn erschwinglich ist. Bei Dienstleistungen beginnen Sie immer mit den „Deluxe-Paketen". So bietet sich die Chance, dass der Kunde gar nicht erst Ihre Alternativangebote sehen möchte, sondern direkt Kaufsignale sendet. Dann gehen Sie selbstverständlich sofort in die Abschlussphase des Verkaufsgesprächs über. Also: Keine Angst vor großen Zahlen!

Bleiben die Kaufsignale des Kunden aus, haben Sie genug Spielraum, um auf andere, niedrigere Produktebenen auszuweichen und so im Sinne der Tür-ins-Gesicht-Technik ein Zugeständnis in Form eines günstigeren Produkts oder einer abgespeckten Dienstleistung zu machen. Gehen Sie in nicht zu großen Schritten voran, so dass für Sie das höchstmögliche Angebot stehen bleibt, wenn der Auswahlkonflikt des Kunden gelöst ist. Sie schaffen den Sprung von einer höheren Produktebene auf eine niedrigere Produktebene, indem Sie Alternativfragen stellen.

**Beispiel**

*„Wäre denn der Wagen für Sie mit oder ohne Klimaanlage interessanter? Eine solche Ausführung können wir Ihnen auch anbieten." („Klick")*

Sie sind dem Kunden entgegengekommen und lösen den Spannungszustand „Zurückgeben" aus („Spul"). Der Kunde wird diesen Spannungszustand nur durch die Wahl eines Produkts oder einer Dienstleistung auflösen können. Nicht immer sendet Ihnen Ihr Kunde gleich nach der ersten Alternativfrage Kaufsignale. Steigen Sie daher nur langsam die Angebotsleiter herab. Nur so stellen Sie sicher, dass Sie kein Geschäft liegen lassen. Vermindern Sie Ihr Angebot gleich zu stark, riskieren Sie zu verpassen, wenn der Kunde eventuell bereits bei höheren Angeboten den Auswahlkonflikt für sich abgeschlossen hat. Das langsame Entgegenkommen erhöht automatisch auch die Frequenz Ihrer Zugeständnisse und damit die Intensität des ausgelösten Spannungszustandes. In jedem Fall ist der Kunde irgendwann gezwungen, Ihnen Informationen zu geben, bei welcher Variante des Produkts oder der Dienstleistung ein Kauf für ihn wahrscheinlich ist („Spul"). Der Kunde bekommt so das Gefühl, dass er selbst über die Produktauswahl bestimmt. Wenn Sie alle vom Kunden notwendigen Informationen zu seinen Vorstellungen über das Produkt oder die Dienstleistung eingeholt haben, leiten Sie direkt die Abschlussphase des Verkaufsgesprächs ein. Das geht natürlich nur, wenn Sie ein Produkt in Ihrem Repertoire haben, das die vom Kunden geforderten Bedürfnisse erfüllt, und wenn er Ihnen Kaufsignale gesendet hat.

Eine andere Möglichkeit, die Abschlussphase schnell einzuleiten, besteht darin, übertriebene Kaufmengen zu nennen. Relativiert der Kunde die Menge, können Sie dies als Kaufentscheidung werten und kommen ihm quasi mit der Akzeptanz seiner genannten Kaufmenge entgegen („Klick"). So etwas ist allerdings bei beratungsintensiven Produkten und Dienstleistungen nur schwer möglich. Diese Form der Tür-ins-Gesicht-Technik erleben Sie häufig auf Obst- und Gemüsemärkten.

**Beispiel**

Sie: *„Wie viele Äpfel wollen Sie? Zehn Stück?"*

Kunde: *„Drei würden es auch tun."*

Nun kommen Sie dem Kunden entgegen, akzeptieren seine vorgeschlagene Menge und gehen direkt in die Abschlussphase über.

Sie: *„Drei Stück? Na gut, dann packe ich Ihnen eben nur drei ein." („Klick")*

---

## Übung

- *Überlegen Sie sich für Ihr Produkt oder Ihre Dienstleistung offene Fragen, die die Kundenbedürfnisse offen legen.*
- *Formulieren Sie für Ihr Produkt oder Ihre Dienstleistung Alternativfragen, die eine vertikal niedrigere Produktalternative beinhalten. Überlegen Sie sich fein abgestufte Schritte, damit Sie im Kompromissfindungsprozess des Auswahlkonflikts genügend Munition für Ihr „Entgegenkommen" auf niedrigere Produktebenen haben.*
- *Wenn es Ihr Produkt oder Ihre Dienstleistung zulässt, dann überlegen Sie sich auch übertriebene Kaufmengen. Achten Sie darauf, dass Sie die übertriebene Kaufmenge so wählen, dass Sie trotzdem vom Kunden noch ernst genommen werden.*

---

Nachdem der Kunde sich auf ein auch für Sie optimales Angebot festgelegt hat – nämlich auf das höchstmöglich verkaufbare Angebot, gilt es, diese Auswahl durch einen Kauf zu besiegeln. Darum geht es in der Abschlussphase. Auch dort müssen Sie beeinflussend tätig werden, so dass die Wahrscheinlichkeit, dass die Auswahl des Kunden auch mit einer Kaufentscheidung endet, erhöht wird.

# Der Kaufschalter „Reziprozität" in der Abschlussphase

Die Abschlussphase leiten Sie ein, wenn der Kunde Ihnen Kaufsignale sendet. Ihr Gegenüber befindet sich im Kaufentscheidungskonflikt. Bei der Lösung dieses Konflikts verhandeln Sie mit dem Kunden die genauen Rahmenbedingungen, unter denen ein Vertragsabschluss zustande kommen kann. Ein besonderer Aspekt ist hier die Preisverhandlung, die immer durch die Frage des Kunden nach dem Preis des Produkts oder Ihrer Dienstleistung ausgelöst wird. An dieser Stelle eignet sich insbesondere die Das-ist-noch-nicht-alles-Technik zur Beeinflussung. Geben Sie dem Kunden eine Antwort auf seine Preisfrage und bauen Sie direkt noch eine Zugabe ein.

**Beispiel**

Kunde: *„Und wie teuer wird das für mich?"*

Sie: *„Das Produkt kostet 100 Euro. Gleichzeitig bekommen Sie noch dieses Zubehör gratis dazu." („Klick")*

Der Kunde fühlt sich nun bestenfalls spontan zum Kauf verpflichtet, ohne dass es zu weiteren Verhandlungen kommt.

Nicht immer sind jedoch Preisverhandlungen auf diese Weise vollständig auszuschließen. Ist eine Preisverhandlung absehbar, müssen Sie sie mit der Tür-ins-Gesicht-Technik angehen. Starten Sie mit einem überhöhten, aber nicht übertriebenen Einstiegspreis in die Verhandlungen. Wird dieser Preis vom Kunden abgelehnt, stellen Sie eine kleinere Preisforderung („Klick"). Der Kunde wird ebenfalls von seinen Preisvorstellungen abweichen und mit Zugeständnissen reagieren. Die Wahrscheinlichkeit, dass er auf Ihre zweite Preisnennung eingeht, ist so wesentlich höher. Die Reziprozitätsregel lenkt den Kompromissfindungsprozess. Sie übt durch ein erfolgtes Zugeständnis („Klick") Druck auf den Kunden aus, ebenfalls mit Konzessionen bei seinen Preisvorstellungen zu reagieren („Spul"). Gleichzeitig ermöglicht sie Ihnen, durch ein erstes Zugeständnis den Austauschprozess in Gang zu setzen und die Lösung des Kaufentscheidungskonflikts des Kunden herbeizuführen. Die Tür-ins-Gesicht-Technik hat weiterhin zur Folge, dass sich der Käufer für das Zustandekommen eines Endpreises verantwortlich fühlt und eher mit dem Verhandlungsergebnis zufrieden ist.

Wird im Rahmen der Preisverhandlungen deutlich, dass der Kunde unkooperativ ist, wenn Sie die Tür-ins-Gesicht-Technik anwenden, und können Sie abschätzen, dass Sie den Mindestpreis nicht erzielen können, müssen Sie rechtzeitig die Mit-gleicher-Münze-heimzahlen-Technik anwenden. Das ist immer dann der Fall, wenn Sie sich durch ein Zugeständnis an den Mindestpreis angenähert haben, der Kunde jedoch selbst keine weiteren Zugeständnisse macht und sich damit nicht weiter an Ihren Mindestpreis annähert. Die Verhandlungen kommen in diesem Moment mit einem Guthaben Ihrerseits in der Reziprozitätsgleichung zum Erliegen. Wenn Sie die Mit-gleicher-Münze-heimzahlen-Technik nutzen, müssen Sie dem Kunden dieses Ungleichgewicht nochmals verdeutlichen, um bei ihm den Spannungszustand, der durch ein „Zurückgeben" abgebaut werden kann, erneut zu schüren.

**Beispiel**

Zahlen Sie dem Kunden seine unkooperative Haltung mit gleicher Münze zurück und verdeutlichen Sie nochmals, dass er an der Reihe ist, mit einem Zugeständnis von seinen Preisvorstellungen abzuweichen:

*„Jetzt bin ich Ihnen nun wirklich schon so weit entgegengekommen. Der von mir genannte Preis liegt in der Tat bereits weit unter unseren sonst üblichen Konditionen. Ich kann mir nur schwer vorstellen, dass ich hier noch weiter heruntergehen kann. Ich habe alles Menschenmögliche für Sie möglich gemacht." („Klick")*

Sie können so vermeiden, dass die unkooperative Haltung des Kunden eskaliert. Die Wahrscheinlichkeit ist groß, dass er nun wieder die Verhandlungen aufnimmt und sich an Ihren Mindestpreis annähert. Ist dies nicht der Fall, bleibt Ihnen nur noch eine Möglichkeit, um zu verkaufen. Sie müssen unmittelbar als nächstes Angebot Ihren Mindestpreis nennen. Und das, auch wenn der Kunde weiter unkooperativ ist. Dieses Mindestangebot müssen

Sie ihm jedoch als besonders großes Zugeständnis vermitteln. Nur so können Sie einen Spannungszustand auslösen, der ein „Zurückgeben" in Form eines Kaufs zur Folge hat. Hierzu ist es erforderlich, dass Sie die Räumlichkeiten, in denen das Gespräch stattfindet, kurz verlassen. Begründen Sie dieses damit, dass Sie auf die Entscheidung Ihres Vorgesetzten angewiesen sind und daher kurz Rücksprache halten müssen. Findet das Gespräch in den Räumen des Kunden statt, verlassen Sie kurz auch diese und geben vor, ein entsprechendes Telefonat führen zu müssen.

### Beispiel

*„Ich merke, wir kommen hier nicht weiter. Ihre und unsere Preisvorstellungen liegen noch zu weit auseinander. Leider kann ich an dieser Stelle keine weiteren Rabatte bzw. Nachlässe in anderer Form einräumen. Ich habe meine Entscheidungsspielräume komplett ausgereizt. Da Sie mir als Kunde jedoch sehr wichtig sind, möchte ich mich bei meinem Vorgesetzten für Sie einsetzen. Ich bin gleich wieder zurück."*

Verlassen Sie den Raum für ein paar Minuten, kommen Sie dann mit einem zufriedenen Gesichtsausdruck wieder zurück, und verkünden Sie Ihrem Kunden den durchzusetzenden Mindestpreis mit folgenden Worten:

*„Ich habe hier wirklich Überzeugungsarbeit für Sie geleistet. Und ich denke, ich kann Ihnen auch eine erfreuliche Mitteilung machen."*

Halten Sie für ein paar Sekunden inne, damit sich diese Aussage beim Kunden setzen kann, und fahren Sie dann fort:

*„Ihre Preisvorstellung können wir nicht ganz erfüllen, wir haben jedoch die Möglichkeit, Ihnen unser Produkt zu einem Preis von 50 Euro (Ihr Mindestpreis) anzubieten. Mehr geht nun wirklich nicht mehr. Ich habe mich da ganz schön für Sie aus dem Fenster gelehnt!" („Klick")*

Dass Sie die Preisverhandlungen mit einem Kauf abschließen, ist nun mehr als wahrscheinlich. Wenn Sie beim Kunden sind und sich seine Anwesenheit bei dem Telefonat nicht vermeiden lässt, rufen Sie halt einfach Ihre Sekretärin an. Spätestens beim zweiten Anruf dieser Art wird sie im Bilde sein und angemessen auf Ihre Argumentation, für den Kunden doch einen günstigeren Preis zu errechnen, antworten.

## Übung

- *Überlegen Sie sich für Ihr Produkt oder Ihre Dienstleistung Zugaben, die Sie bei der Preisfrage des Kunden zusätzlich anbieten können.*
- *Ermitteln Sie für Ihr Produkt oder Ihre Dienstleistung einen überhöhten, nicht übertriebenen Einstiegspreis sowie einen Mindestpreis, den Sie erzielen müssen.*

Nicht immer können wir jedoch mit unseren Produkten und Dienstleistungen beim Kunden punkten und einen Kauf herbeiführen. Dies ist insbesondere dann der Fall, wenn die vom Kunden genannten Bedürfnisse nicht befriedigt werden können. Dann sollten wir nach alternativen Mehrwerten suchen, die wir aus diesem Termin erzielen können. Ein wesentlicher Mehrwert sind die beim Kunden einzuholenden **Empfehlungen**. Hand aufs Herz: Fragen Sie in Verkaufsgesprächen nach Empfehlungen? Viele Verkäufer vertreten den Standpunkt, dass eine Empfehlung durch den Kunden immer dann automatisch ausgesprochen wird, wenn er sich gut beraten fühlt. Daher fragen viele Verkäufer in der Regel nicht aktiv nach Empfehlungen. Spricht man dann dieses Thema an, verweisen sie auf die Dunkelziffer innerhalb von Neukunden, die vielleicht von anderen Kunden empfohlen wurden. Ich halte diese Argumentation für einen reinen Vorwand, der es ermöglicht, die unangenehme Frage nach Empfehlungen im Verkaufsgespräch zu vermeiden. Dieses Buch ist allerdings nichts für Vermeider. Vielmehr sollen Sie durch die Anwendung der Techniken einen Mehrwert generieren. Dies ist nur möglich, wenn Sie alle sich Ihnen bietenden Möglichkeiten ausschöpfen. Und Sie halten alle Karten hierfür in der Hand! Nämlich die Produktbroschüren und Flyer des Kunden aus der Gesprächseröffnungsphase. Wenden Sie nun auch die Tür-ins-Gesicht-Technik an. Fassen Sie kurz noch einmal das Gespräch zusammen – unter Hinweis auf den Gefallen, den Sie dem Kunden eingangs getan haben – und fragen Sie dann konkret nach einer Empfehlung.

## Beispiel

*„Leider können wir in diesem Fall nicht mit Ihnen ins Geschäft kommen. Hintergrund sind Ihre Anforderungen an unser Unternehmen, die wir aus den bereits genannten Gründen nicht erfüllen können. Was ich aber in jedem Fall tun werde, ist die Weitergabe Ihrer Unterlagen an meine Verbindungen zu Ihrer Branche."*

Winken Sie an dieser Stelle kurz mit den Flyern!

*„Kennen Sie denn vielleicht Personen, für die unsere Produkte in Frage kommen würden?" („Klick")*

Wir erinnern uns: Die Tür-ins-Gesicht-Technik stellt größere Forderungen und verhilft so dazu, dass kleinere erfüllt werden. Sie sind dem Kunden mit einer Kaufforderung entgegen getreten und bitten ihn nun, Ihnen eine kleine Forderung – die einer Empfehlung – zu erfüllen. Und dabei erinnern Sie ihn daran, dass Sie das gleiche für ihn tun werden. Sie lösen hier einen zweifachen Spannungszustand aus. Den, der durch das Entgegenkommen von Kaufforderung zu Empfehlungsforderung ausgelöst wird, und den, der durch das Entgegenkommen der Weitergabe der Kundenflyer ausgelöst wird. Sie werden auf jeden Fall wenigstens eine Empfehlung erhalten[71]! („Spul")

# 4.4 Zusammenfassung

| Kaufschalter Reziprozität ... | ... in der Gesprächs- eröffnungsphase | ... in der Argumentations- phase | ... in der Abschlussphase |
|---|---|---|---|
| Eine Gefälligkeit oder ein Geschenk löst die Verpflichtung zur Gegenleistung aus. | Instrumentalisieren Sie Ihre Visitenkarte zu einem Geschenk. Erweisen Sie Ihrem Kunden kleine Gefälligkeiten aufgrund Ihrer Kontakte in seine Branche. | Ergründen Sie durch offene Fragen die Kundenbedürfnisse. Legen Sie durch vertikal unterschied- liche Produktebenen und Alternativfragen die höchstmögliche verkaufbare Produkt- alternative oder Dienstleistung fest. | Machen Sie zu Ihrem Produkt oder Ihrer Dienstleistung kleine Zugaben. Kommen Sie Ihrem Kunden bei den Preisverhandlungen entgegen. Fragen Sie Ihren Kunden, ob er Ihnen auch entgegen- kommt, und holen Sie Empfehlungen ein. |

# 5. Kaufschalter „soziale Bewährtheit": Wir schwimmen mit dem Strom

Eine grundlegende Neigung des Menschen ist es, wie andere zu denken und zu handeln. Diese Verhaltensweise ist besonders dann zu beobachten, wenn Situationen unklar oder mehrdeutig sind[72]. Ist der Mensch sich also nicht sicher, wie er in einer bestimmten Situation handeln soll, orientiert er sich an anderen Menschen und übernimmt deren Handeln. Nun haben wir gelernt, dass der Kunde im Verkaufsgespräch stets unsicher ist: In der Gesprächseröffnungsphase weiß er nicht, ob und was er kaufen soll – der Absichtskonflikt. In der Argumentationsphase durchlebt er den Auswahlkonflikt. Er ist sich nicht sicher, welches Produkt oder welche Dienstleistung für ihn in Frage kommt. Und in der Abschlussphase empfindet er ein Entscheidungsrisiko. Also auch hier wieder eine Form der Unsicherheit! Der Kaufschalter „soziale Bewährtheit" löst den Klick-Spul-Effekt bei Unsicherheit aus. Dieser Schalter zielt genau darauf ab, dem Kunden in den verschiedenen Konflikten des Verkaufsgespräches Sicherheit zu geben. Warum das so ist und wie Sie dem Kunden ein Gefühl von Sicherheit vermitteln können, erfahren Sie in diesem Kapitel.

## 5.1 Sicherheit in der Unsicherheit

In Situationen der Unsicherheit richten sich Menschen in der Regel an ähnlichen Personen aus. Eine solche Ähnlichkeit ergibt sich aus den Merkmalen, die für die spezifische Situation als wesentlich erachtet werden[73].

Der Wissenschaftler Muzafer Sherif konnte in einem Verfahren demonstrieren, wie sich automatisch und ohne ersichtlichen Grund gemeinsame Verhaltensweisen und eine gemeinsame

Weltsicht in einer Gruppe entwickeln. Hierzu nutzte er den autokinetischen Effekt. Der autokinetische Effekt bezeichnet die Wahrnehmungstäuschung, dass sich eine feststehende Lichtquelle in einem vollständig abgedunkelten Raum sprunghaft zu bewegen scheint. Probanden neigen dazu, den Bewegungsradius dieser Lichtquelle auf eine Bandbreite von wenigen Zentimetern bis zu einem halben Meter und mehr zu schätzen. Dieser dauerhaft uneindeutigen Situation fügte Sherif eine soziale Komponente hinzu. In einer ersten Sitzung sollten zunächst die Schätzungen alleine abgegeben werden, und in den darauf folgenden drei Sitzungen erfolgte die Schätzung, während andere Versuchspersonen anwesend waren. Eine zweite Gruppe durchlief den Versuch in umgekehrter Richtung. Sie sollten zunächst die ersten drei Schätzungen im Gruppenrahmen und die vierte und letzte Schätzung alleine abgeben[74]. Die Ergebnisse sind in Abbildung 3 veranschaulicht.

Es ist offensichtlich, dass die Schätzungen sich immer näher an einer Gruppennorm ausrichten (obere Grafik). Bei der zweiten Versuchsgruppe entwickelte sich die Gruppennorm bereits in der ersten Sitzung und wurde bis zu der vierten, alleine durchgeführten Sitzung beibehalten (untere Grafik).

Sie erkennen, dass der Mensch in Situationen der Unsicherheit automatisch dazu neigt, sich in seiner Meinung anderen Personen anzuschließen. Der Autopilot des Menschen hat in diesem Versuch wieder einmal zugeschlagen. Und dieser Autopilot kann manipuliert werden! Die Sozialwissenschaftler Robert C. Jacobs und Donald T. Campbell konnten beweisen, dass die Ausrichtung der Versuchspersonen an einer Gruppennorm auch dann erfolgt, wenn diese künstlich hervorgerufen wird.

Sie bestückten die Versuchsgruppen mit Mitarbeitern, die bewusst ungewöhnlich hohe Schätzungen abgaben. Nach jeder Schätzung wurde dann jeweils ein Gruppenmitglied durch ein neues ersetzt, bis sich die Gruppe auf jeder Position einige Male erneuert hatte. Die künstliche Gruppennorm übte bis zu sechs Generationen lang ihren Einfluss aus[75].

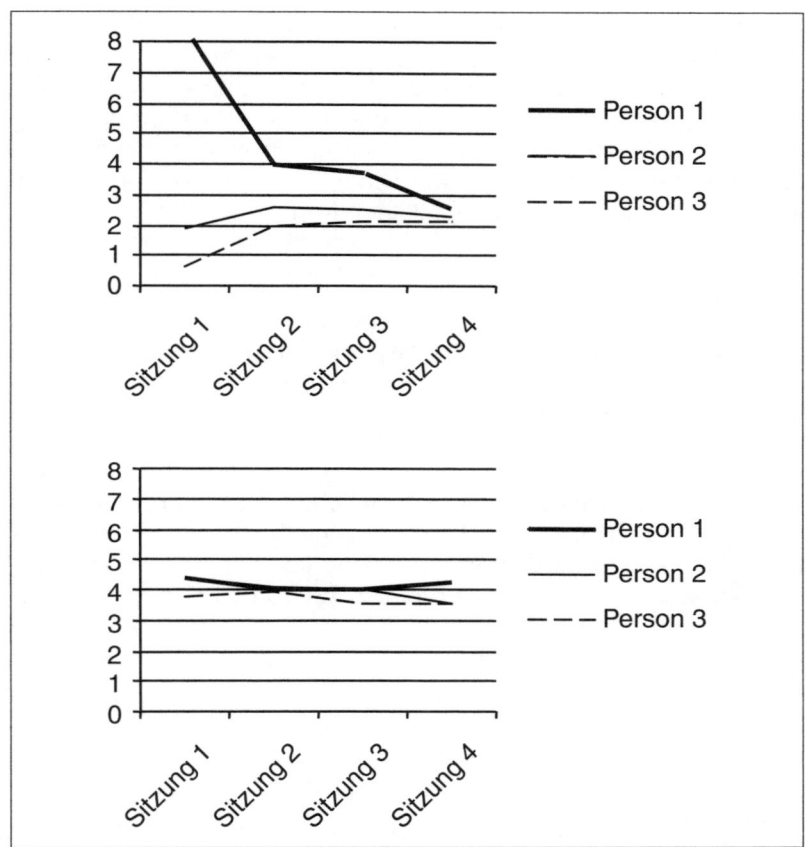

*Abbildung 3: Medianurteile der Versuchspersonen (in Inches),*
*Quelle: Sherif (1966), S. 103*

Die Ergebnisse beweisen, dass es einen Schalter „soziale Bewährtheit" gibt und dieser nachhaltig manipuliert werden kann. Um diesen Schalter als Kaufschalter nutzen zu können, müssen wir uns fragen, welche Merkmale anderer Personen dazu führen, dass man ihre Meinung in Situationen der Unsicherheit übernimmt.

Sie erinnern sich an den Kaufschalter „Sympathie" und an das damit verbundene duale Denk- und Orientierungsmuster „wir" und „die anderen". Ein wesentliches Merkmal zum Auslösen dieses

Denk- und Orientierungsmusters war der Faktor Ähnlichkeit. Auch bei dem Kaufschalter „soziale Bewährtheit" spielt dieser Faktor eine wesentliche Rolle. Der Mensch sucht sich in Situationen der Unsicherheit eine Vergleichsgruppe, um seine Meinung an einer solchen Gruppe auszurichten. Eine Vergleichsgruppe wird nur dann als solche ausgemacht, wenn diese Gruppe Ähnlichkeitsmerkmale mit dem einzelnen Menschen aufweist. In der oben beschriebenen Versuchsreihe war das Ähnlichkeitsmerkmal die gemeinsame Teilnahme an dem Experiment.

Der Sozialpsychologe Leon Festinger geht in seiner Theorie des sozialen Vergleichs davon aus, dass die Ähnlichkeit an Wert- und Kulturhintergründen festgemacht wird. Wenn Sie sich also über eine Meinung, die Sie vertreten, oder über eine Entscheidung, die Sie treffen sollen, nicht sicher sind, dann suchen Sie sich Vergleichspersonen. Auch bei Ihnen wird es schon einmal vorgekommen sein, dass Sie sich auf die Meinung anderer Personen verlassen haben und sich innerlich eine Begründung, wie *„der oder die hat das auch gemacht, dann kann das ja nicht falsch sein"*, gegeben haben. Ihre Vergleichsperson wird in diesem Fall die gleichen Wertvorstellungen vertreten und Ihrem Kulturkreis angehören.

Aber was passiert, wenn Sie keine Vergleichsgruppe finden, wenn Sie also innerhalb der Personen, die Ihre Wertvorstellungen vertreten und Ihrem Kulturkreis angehören, völliges Neuland mit einer Meinung oder einer Entscheidung betreten? Sie haben nicht die Möglichkeit, Ihre Meinung oder Entscheidung über eine Vergleichsgruppe abzusichern. Ihr Trieb nach einer solchen Absicherung kann stärker oder auch schwächer ausgeprägt sein. Dieser Trieb wird stärker, wenn Sie sich über die Güte einer Meinung oder Entscheidung nicht sicher sind. Je umfassender jedoch Ihre eigenen Informationen über den zu bewertenden Sachverhalt sind, desto schwächer wird Ihr Vergleichstrieb[76]. Eins ist sicher: Egal, wie stark oder wie schwach der Vergleichstrieb ausgeprägt ist, er ist immer da!

**Beispiel**

Sie sind als Rucksacktourist in Südamerika unterwegs. Es ist Ihr erster Reisetag, es ist heiß und Sie sind durstig. Ein sprudelndes Erfrischungsgetränk mit viel Eis wäre zu diesem Zeitpunkt genau das Richtige für Sie. Wie der Zufall es will, verschlägt es Sie zu einer abgelegenen Bar, wo Sie genau so ein Erfrischungsgetränk bestellen können. Alle Gäste dort sind Einheimische, die ein solches Erfrischungsgetränk mit Eis genießen. Nun haben Sie in einem Reiseführer vor Antritt Ihrer Reise gelesen, dass in diesen Ländern die Eiswürfel aus Wasser unterschiedlichster Qualität stammen können und Ihnen unter Umständen – bei minderer Wasserqualität – auf Ihren europäischen Magen schlagen können. Es gibt laut Auskunft Ihres Reiseführers Regionen, in denen die Wasserqualität schlecht sein kann, aber nicht unbedingt schlecht sein muss. Dieser Sachverhalt wird Sie verunsichern. Aber, wie gesagt: Eine schöne Limo mit Eis ist nun genau das Richtige! Ihr Vergleichstrieb schaltet sich ein. Sie schauen in die Limonade mit Eis trinkende Menge der Gäste. Ihr Rundblick wird Ihnen aber nicht weiterhelfen. Sie sehen keine Vergleichsgruppe. Sie wissen, dass sich der Organismus eines Einheimischen an die örtliche Wasserqualität angepasst hat und daher bei ihm keine Magenprobleme beim Genuss eines mit Eiswürfeln gekühlten Getränks auftreten werden. Um kein Risiko einzugehen, werden Sie unter Umständen ein Getränk ohne Eiswürfel bestellen und auf die Kühlung verzichten. Oder Sie verzichten nicht auf die Kühlung und hören in den nächsten Stunden genau auf die Geräusche, die Ihr Magen von sich gibt. In beiden Fällen bleibt aufgrund der fehlenden Information und Vergleichsgruppe ein Gefühl der Unsicherheit.

Was aber wäre, wenn Sie an der Theke stehen und just in diesem Moment eine Gruppe junger Leute durch die Tür kommt, bei denen es sich augenscheinlich auch um europäische Rucksacktouristen handelt und die lauthals eine Runde Limonade mit extra viel Eis bestellen? Sie erkennen an deren gebräuntem Teint, dass sie sich bereits länger in diesen Gefilden aufhalten.

Sie würden sich folgende Gedanken machen:

*„Die sind wie ich auch nicht von hier!"*

*„Die sehen so aus, als ob die sich hier schon länger aufhalten und daher müssen die auch wissen, ob die Wasserqualität in Ordnung ist."*

*„Wäre es einem von denen beim ersten Getränk mit Eis schlecht geworden, dann würden die jetzt nicht extra viel davon bestellen."*

*„Warum soll ich also bei dieser Hitze auf Eiswürfel verzichten?"*

Sie werden sich genauso eine Limonade mit Eis bestellen. Sie richten Ihr Verhalten nach der nun existierenden Vergleichsgruppe aus. Sie übernehmen die Norm Ihrer Vergleichspersonen.

Jetzt stellen Sie sich bitte das gleiche Szenario vor, aber unter dem Gesichtspunkt, dass in Ihrem Reiseführer – und es handelt sich um den verlässlichsten Reiseführer, den man kriegen kann – geschrieben steht, dass genau in dieser Bar, in der Sie sich gerade befinden, die Eiswürfel die beste Qualität des Landes aufweisen. Aufgrund dieser Information würden Sie völlig unbedenklich Ihre Bestellung mit Eis aufgeben, ohne vielleicht die anderen Rucksacktouristen wahrzunehmen. Ihr Vergleichstrieb hat aufgrund Ihrer eigenen Informationen an Stärke verloren.

---

**Der Kaufschalter „soziale Bewährtheit"**

Der Mensch neigt dazu, wie andere zu denken und zu handeln. In Situationen der Unsicherheit erfolgt eine Ausrichtung des Verhaltens an Vergleichspersonen. Die Ausprägung der Ausrichtung an einer Gruppennorm ist abhängig von den vorhandenen Informationen, die eine Person über den jeweiligen Sachverhalt hat. Bei fehlenden oder nur wenig vorhandenen Informationen kann über Vergleichsgruppen der „Klick-Spul-Effekt" sehr leicht ausgelöst werden.

---

Die Ausrichtung des Verhaltens an Vergleichspersonen kann auf zwei wesentliche allgemeine Mechanismen zurückgeführt werden, über die sie Einfluss auf Einzelne ausüben. Diese Mechanismen sind der Informations- und der normative Einfluss von Vergleichspersonen. In Situationen der Unsicherheit stehen Menschen zwei Informationsquellen zur Verfügung. Auf der einen Seite die eigenen Erfahrungen und Kenntnisse und andererseits die Beurteilungen ähnlicher Vergleichspersonen. Beide Informationsquellen können prinzipiell als verlässlich angenommen werden. Eine einzelne Person könnte demnach mit Informationen bestückt sein, die ihr sagen, dass das Verhalten der Vergleichspersonen nicht richtig ist. Dann hat die einzelne Person zwei Möglichkeiten zu handeln. Entweder sie übernimmt die Meinung der Vergleichspersonen bedingungslos, oder sie unterlässt es. Bei ersterem hat der Informationseinfluss der Vergleichspersonen die Oberhand gewonnen. Die Person hält die Informationen und Kenntnisse der Vergleichspersonen für verlässlicher als die eigenen. Da wir uns im Besitz eines in unserem Gehirn eingebauten Autopiloten befinden und häufig aufgrund der Überlastung unserer persönlichen Steuerzentrale auf diesen zurückgreifen, ist die Übernahme der Meinung von Vergleichspersonen einfacher und damit wahrscheinlich. Es kann aber auch vorkommen, dass wir wissen, dass das Handeln von Vergleichspersonen nicht richtig ist, wir aus Angst vor Sympathieverlusten aber dennoch dieses Handeln übernehmen. Wenn Sie Kinder haben, kennen Sie vielleicht diese Aussage:

*„Ich wusste, dass das nicht richtig war. Aber ich wollte auch nicht als Buhmann dastehen. Deshalb habe ich einfach mitgemacht."*

Man spricht dann vom normativen Einfluss von Vergleichsgruppen. Der Informationseinfluss und der normative Einfluss wirken sich in unterschiedlicher Weise auf die Überzeugung des Einzelnen aus. Bei einer Änderung des Verhaltens aufgrund des Informationseinflusses wird sowohl die öffentliche als auch die private Meinung geändert. Anpassungen aufgrund des normativen Einflusses von Vergleichspersonen erfolgen lediglich öffentlich, und die private Meinung wird beibehalten. Somit ist der Informationseinfluss nachdrücklicher als der normative Einfluss von Vergleichspersonen[77].

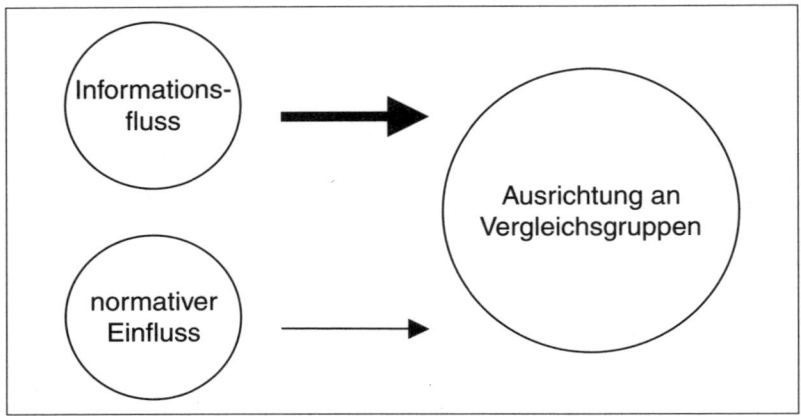

*Abbildung 4: Mechanismen für die Ausrichtung des Verhaltens an Vergleichsgruppen und ihre Intensität, Quelle: eigene Darstellung*

In unserem täglichen Leben finden wir ständig Situationen vor, in denen unser Handeln den Schalter „soziale Bewährtheit" widerspiegelt oder durch entsprechende Manipulationen dieses Schalters von Dritten ausgelöst wird. Wir verlassen uns häufig weniger stark auf vorhandene Informationen, sondern richten unser Verhalten oftmals nach dem Verhalten anderer aus. Der Grund ist auch hier die begrenzte Informationsverarbeitung unseres Gehirns. Unsere Steuerzentrale wird durch das Übernehmen von Gruppennormen entlastet.

## Übung

*Gehen Sie mit einer Gruppe von weiteren vier Personen in die Fußgängerzone, positionieren sich an einer Stelle und schauen Sie gemeinsam in die Luft auf einen fiktiven Punkt. Sie werden überrascht sein, wie viele unbeteiligte Personen Sie dazu veranlassen können, ebenfalls den Blick auf diesen fiktiven Punkt zu richten.*

## 5.2 Die Macht der Beeinflussung oder von Lemmingen und anderen Gruppenzwängen

Walt Disney veröffentlichte im Jahr 1958 den Film „White Wilderness". In diesem Film wurde eine Massenwanderung von Lemmingen gezeigt, die in einem kollektiven Selbstmord endet. Lemminge sind Nagetiere, die der Familie der Wühlmäuse zugeordnet werden. Diese Tiere sind dafür bekannt, dass sie ihr Verhalten nach der Masse ausrichten. Insbesondere ihre regelmäßig wiederkehrenden Massenvermehrungen und ihre Massenwanderungen – auch Lemmingzüge genannt – bestätigen diese Gruppenorientierung innerhalb ihrer Population. Durch die Behauptung in dem Film, dass Lemminge freiwillig in den Tod gehen, wenn die Nahrung aufgrund von Überpopulation knapp wird, wurde bei einem Großteil der Menschen das Bild von Lemmingen als Selbstmörder geprägt, die ihren Artgenossen zur nächsten Klippe folgen, um dann nacheinander in den Tod zu springen. Bei dem Massenselbstmord der Lemminge in dem Film „White Wilderness" soll es sich jedoch um gestellte Szenen gehandelt haben. In freier Wildbahn ist ein bewusster Selbstmord unbekannt. Klippen herunterstürzende kleine Nager sind Opfer von Kurzsichtigkeit und Unachtsamkeit. Allein diese Orientierungsschwierigkeiten führen bei Massenwanderschaften von Berglemmingen zu Todesfällen. Trotzdem hört man noch bis heute häufig die Legende vom Massenselbstmord der Lemminge.

Bei Menschen können wir dagegen tatsächlich ein kollektives Selbstmordverhalten erkennen. Wird in den Medien öffentlich über Suizide berichtet, steigt unmittelbar nach der Berichterstattung die Selbstmordrate in der Bevölkerung. Diese Erscheinung wird als Werther-Effekt bezeichnet[78]. Im Jahr 1774 erschien der von Johann Wolfgang Goethe verfasste Briefroman „Die Leiden des jungen Werther". Der Roman ließ Goethe in Deutschland über Nacht berühmt werden. Kein anderes seiner Bücher wurde von so vielen Zeitgenossen gelesen. Der Roman beschreibt das Leben des etwa 20-jährigen Werther, der sich in die 19-jährige Lotte verliebt. Lotte ist bereits mit einem anderen Mann verlobt und später dann auch verheiratet. Werthers Liebe ist damit auf

Sand gebaut und hat keine Aussicht auf Erwiderung. Diese Situation und fehlender gesellschaftlicher Anschluss führen letztendlich dazu, dass der junge Werther keinen anderen Ausweg sieht, als sich zu erschießen. Da viele der damaligen Leser in dem jungen Werther eine Vergleichsperson sahen, kam es aufgrund dieses Romans zu einer Welle von Nachahmungssuiziden junger und Problem beladener Menschen. Diese Selbstmordwelle führte dazu, dass der Roman in vielen Ländern verboten wurde.

Wir Menschen dichten also Lemmingen fälschlicherweise ein Verhalten an, das sich in unserer Gesellschaft wiederfindet. Das Beispiel zeigt, dass wir Menschen die Legende der Lemminge tatsächlich leben.

Goethe war sich sicherlich nicht darüber im Klaren, was er mit seinem Roman über den jungen Werther anrichten würde. Dennoch unterstreicht das Verhalten der Leser – hier insbesondere das der Problem beladenen Leser – wie einschlagend der Schalter „soziale Bewährtheit" seine Wirkung tut. Der **Informationseinfluss** des jungen Werther als Vergleichsperson hat seine volle Wirkung entfaltet. Die betroffenen Leser haben die Meinung des Protagonisten bedingungslos übernommen, dass ein Problem ausschließlich durch einen Selbstmord zu bewältigen ist.

---

**Hinweis**

Beeinflussungstechniken – egal, ob bewusst oder unbewusst angewendet – sind durchaus als Waffen zu bezeichnen. Waffen, die das Leben eines Menschen ernsthaft und endgültig gefährden können. Daher hier noch einmal eine dringende Bitte: **Wenden Sie Beeinflussungstechniken immer nur dann an, wenn Sie die Ergebnisse, die Sie mit Ihren Beeinflussungsversuchen herbeiführen wollen, auch vertreten können!**

---

Es gibt aber auch Beispiele bei der Anwendung des Schalters „soziale Bewährtheit" durch Dritte, die weniger schlimme Folgen haben als die oben beschriebenen.

Als ich mit meiner kleinen Tochter die Werbung eines in unserem Wohnort gastierenden Zirkus sah, wollte sie sofort in eine der Vorstellungen. Es handelte sich um einen kleinen Wanderzirkus, der augenscheinlich keinen großen Besucherandrang hatte. Dennoch ließen wir uns nicht lumpen und besuchten eine der Vorstellungen. Die Aufführung fand in einem kleinen, heruntergekommenen Zelt statt, das mit dreckigen und unbequemen Klappstühlen ausgestattet war. In der Vorstellung wurden uns drittklassige Zauber- und Akrobatentricks vorgeführt. Mich wunderte es, dass die Protagonisten bei aller Unprofessionalität stets mit einem Applaus aus der Manege verabschiedet wurden. Insbesondere mein Sitznachbar war kaum auf seinem Stuhl zu halten. Nicht nur, dass er begeistert in die Hände klatschte – er konnte sich sogar begeisterte Pfiffe nicht verkneifen. In der Pause wollte ich meiner Tochter eine Tüte Popcorn kaufen. Sie ahnen nicht, wer der Popcornverkäufer war: mein Sitznachbar! Es handelte sich um einen Zirkusmitarbeiter, der sich während der Vorstellung unter die Besucher gemischt hatte und diese durch seine Klatschattacken animierte, ebenfalls zu applaudieren. Auch ich muss gestehen, dass ich mich zwar wegen der schlechten Darbietung über das Eintrittsgeld geärgert habe, jedoch immer verhalten mitgeklatscht habe. Das Katschen des vermeintlichen Besuchers neben mir löste das „Klick" in mir aus, ebenfalls das Applausband „abzuspulen". Ich war mir nicht sicher, ob ich meinem Unmut über diese Veranstaltung durch Nichtklatschen Luft machen sollte. Oder ob ich mich so verhalten sollte wie ein anderer Zuschauer, der durch das Ähnlichkeitsmerkmal „ebenfalls Zuschauer" eine Vergleichsperson für mich darstellte. Letzteres war bis zur Pause der Fall. Ich wurde bewusst durch den Zirkusmitarbeiter manipuliert und Opfer des **normativen Einflusses** dieser neben mir sitzenden Vergleichsperson. Ich wollte mich gegenüber meinem Sitznachbarn nicht als Buhmann ausweisen.

Auch in vielen anderen Bereichen werden die Mechanismen konformen Verhaltens instrumentalisiert. So loben in der Werbung als „Durchschnittsbürger" hergerichtete Schauspieler Massenprodukte, bei öffentlichen Spendensammlungen fangen vom Veranstalter angestellte „Spender" mit bestimmten Geldbeträgen an, um damit für die folgenden Spender eine entsprechende Normhöhe der Spenden zu definieren. Und bei so genannten „Spendenmarathons" im Fernsehen ist am unteren Bildrand ein Laufband zu sehen, auf dem die Namen aller Spender der Öffentlichkeit präsentiert werden. Alles Beispiele, in denen die Zielgruppe auf eine Vergleichsgruppe hingewiesen wird, die den „Klick-Spul-Effekt" aufgrund der „sozialen Bewährtheit" auslösen soll.

# 5.3 Der Kaufschalter „soziale Bewährtheit" in den Phasen des Verkaufsgesprächs

*„Denk' bloß nicht, dass du der Einzige bist!"*

# „Mein Kollege hat das auch?"

Auch hier möchte ich Ihnen ein Beispiel aus einer meiner Versicherungs- und Finanzberatungen geben. Der Termin wurde durch einen dienstjungen Mitarbeiter vereinbart und sollte die Beratung zur Pflegevorsorge zum Inhalt haben. Mein Mitarbeiter bat mich darum, ihn bei diesem Termin zu begleiten, da er sich nicht ganz sicher war, welche Fragen des Kunden auf ihn zukommen könnten. Da ich lediglich als Rückendeckung fungieren sollte und bei schwierigen Sachverhalten aufgrund meiner Erfahrungen und damit besseren Hintergrundinformationen dafür Sorge tragen sollte, dass keine Frage des Kunden unbeantwortet blieb, oblag die Terminvorbereitung meinem jungen Mitarbeiter.

Mein Mitarbeiter orientierte sich bei der Vorbereitung der personalisierten Verkaufsunterlagen an einem Vergleichstermin aus der Vergangenheit. Bei diesem bereits vergangenen Termin waren die Rahmenbedingungen ähnlich wie bei dem nun zu führenden Verkaufsgespräch. Der jetzige Kunde gehörte der gleichen Berufsgruppe an, hatte den gleichen Familienstand und befand sich in etwa im gleichen Alter wie der bereits erfolgreich versorgte Kunde – nennen wir ihn Dr. Meier – aus der Vergangenheit. Auch waren die zu erwartenden Leistungen aus der gesetzlichen Pflegeversicherung im Falle der Pflegebedürftigkeit in beiden Fällen gleich gelagert. Beide Kunden waren Beamte und hatten einen Anspruch auf Beihilfe bei Eintritt der Pflegebedürftigkeit.

Als wir nun bei unserem Kunden eintrafen, stellten wir uns kurz vor und wurden direkt auf die Terrasse geführt. Es war ein warmer Sommertag, und ein Gespräch im Garten bot sich daher an. Mein Mitarbeiter begann mit dem Verkaufsgespräch, und ich genoss die Sonne und das kredenzte Getränk. Alles lief nach Plan. Die Vorbereitung meines Mitarbeiters war so gut, dass er alle Fragen auch ohne mein Zutun beantworten konnte. Als er dann die für den Kunden vorbereiteten personalisierten Berechnungen vorlegte, fiel mir auf, dass die Namen innerhalb der Verkaufsunterlagen noch nicht auf den aktuellen Kunden geändert worden waren. Zwar stimmten die Geburtsdaten und die entsprechenden Leistungen und Beiträge unseres Produktes, jedoch beinhalteten die Felder, in denen der Name des Kunden hätte stehen sollen, noch den Namen des vorherigen Kunden „Dr. Meier". Als mir dieser Fauxpas auffiel, musste ich einschreiten.

*„Upps, hier ist uns wohl ein kleiner Fehler passiert. Wir hatten in der vergangenen Woche einen Termin bei einem Kollegen von Ihnen, bei dem es um die gleiche Thematik ging. Auch hier haben wir die Versorgungslücke entsprechend schließen können. Allerdings ist es bei meinem Mitarbeiter wohl untergegangen, den Namen in der Tabelle zu ändern. "*

Mein Mitarbeiter entschuldigte sich, versicherte jedoch, dass die Zahlen für den jetzigen Kunden stimmten und lediglich beim Namen eine Änderung erforderlich sei. Er nahm die Unterlage wieder an sich und teilte mit, dass er dies dem Kunden in korrigierter Form auf dem Postweg zusenden würde. Unser Gesprächspartner hatte jedoch bereits den Namen unseres vorherigen Kunden erkennen können und reagierte wie folgt:

*„Ach, den Dr. Meier kenne ich. Der hat sich auch für eine solche Absicherung entschieden?"*

Ich bejahte, und unser Gesprächspartner sagte dann:

*„Na, der weiß, was er tut. Dann machen Sie diesen Versicherungsschutz auch einmal für mich fertig."*

Sie wissen jetzt, was passiert ist. Unserem Kunden war Herr Dr. Meier als Kollege bekannt. Herr Dr. Meier hatte den gleichen Beruf und den gleichen Dienstherrn. Auch waren beide im gleichen Alter und stammen aus dem gleichen Kulturkreis. In diesem Fall wirkte Herr Dr. Meier als Vergleichsperson für unseren Kunden. Durch die Vorlage einer fehlerhaft personifizierten Verkaufsunterlage löste mein Mitarbeiter unbewusst das „Klick" des Kaufschalters „soziale Bewährtheit" zum Kauf („Spul") aus.

# Der Kaufschalter „soziale Bewährtheit" in der Gesprächseröffnungsphase

In dem Kapitel „Kaufschalter ‚Reziprozität'" haben Sie gelernt, dass Sie sich auf eine bestimmte Zielgruppe spezialisieren müssen. Nutzen Sie Ihre Erfahrungen, die Sie mit der jeweiligen Zielgruppe sammeln, um den Kaufschalter „soziale Bewährtheit" in Ihren Verkaufsgesprächen zu drücken. Sie werden anhand der Beispiele merken, dass der Kaufschalter „soziale Bewährtheit" mit dem Kaufschalter „Reziprozität" sehr eng in Bezug auf Ihre Branchenverbindungen verbunden ist.

In der Gesprächseröffnungsphase lösen Sie den Absichtskonflikt des Kunden. Der Kunde ist sich nicht sicher, ob er etwas kaufen will, und wenn ja, ob er es Ihnen abkaufen soll. Es gilt also, die Unsicherheit des Kunden, was Ihre Person und Ihre Produkte betrifft, aufzulösen. Wenn Sie sich nachhaltig in einer bestimmten Zielgruppe bewegen, dann ist es wahrscheinlich, dass Ihr Kunde, bei dem Sie sich gerade befinden, auch aus eben dieser Zielgruppe stammt. Die Zielgruppe ist eine Gruppe von Menschen, die sich durchaus untereinander als Vergleichspersonen sehen können, da sie alle die gleichen Merkmale in sich tragen. Machen Sie Ihren Kunden auf diese Tatsache aufmerksam. Bedenken Sie, dass in jedem Kunden latent ein Vergleichstrieb schlummert. Helfen Sie dem Kunden, diesen Vergleichstrieb zu befriedigen, noch bevor ihm dieser Vergleichstrieb überhaupt bewusst wird! Teilen Sie Ihrem Kunden gleich bei Ihrer Vorstellung mit, dass Sie sich in seinen Kreisen auskennen und schon viele potenzielle Vergleichspersonen kennen gelernt haben, Sie sich also in seiner Vergleichsgruppe „sozial bewährt" haben. Geben Sie ihm die Sicherheit, dass Sie der richtige Ansprechpartner für seine Belange sind. Sie haben sich auf eine bestimmte Zielgruppe ausgerichtet und damit ständig mit Personen zu tun, die mit Ihrem jetzigen Kunden vergleichbar sind. Erzählen Sie ihm das. Machen Sie Ihren Kunden gezielt auf Ihre Termine aufmerksam, die Sie mit möglichen Vergleichspersonen haben. Tun Sie dies, indem Sie von sich und Ihrem Tagesablauf erzählen und beiläufig auf eine Vergleichsperson hinweisen.

*„Ich komme gerade von Unternehmer Meier in Hamburg, weil ich dort einen Termin hatte. Die A 1 war heute wieder einmal so voll, da war gar kein Durchkommen." („Klick")*

oder

*„Ich muss gleich noch nach Hamburg zu Unternehmer Meier. Ich hoffe, die A 1 ist heute nicht so voll." („Klick")*

oder

*„Sagen Sie, woher kennen wir uns? Kann es sein, dass ich Sie auf dem Firmenjubiläum von Unternehmer Meier kennen gelernt habe?" („Klick")*

Achten Sie darauf, dass Ihr Kunde den Unternehmer Meier auch als eine Vergleichsperson erkennt. Entweder ist der Unternehmer Meier bereits so bekannt in seiner Branche, dass Sie außer seinem Namen nichts hinzufügen müssen, oder Sie untermauern Ihre Ausführungen noch mit ein oder zwei Informationen, die den Unternehmer Meier als Vergleichsperson ausweisen.

**Beispiel**

*„Herr Unternehmer Meier ist übrigens auch in Ihrer Branche tätig." („Klick")*

In der Gesprächseröffnungsphase stellen Sie sich und Ihr Unternehmen dem Kunden vor. Nutzen Sie für die Vorstellung Unternehmensbroschüren, in denen auf Ihre speziellen Produkte und Dienstleistungen für die jeweilige Zielgruppe hingewiesen wird. Auch Referenzschreiben bereits bestehender Kunden können Sie vorlegen, um auf die „soziale Bewährtheit" Ihrer Person und Produkte hinzuweisen („Klick").

**Tipp**

Fragen Sie künftig Ihre Kunden im Anschluss an eine Beratung nach einem Referenzschreiben. Legen Sie dieses in einem Hefter ab, den Sie dann bei potenziellen Neukunden vorlegen können.

Oft kommt es vor, dass ein Unternehmen bestimmte Branchenlösungen anbietet. Solche Branchenlösungen werden häufig in Zusammenarbeit mit verschiedenen Unternehmensverbänden intensiviert. Nennen Sie dem Kunden bei Ihrer Vorstellung solche Kooperationen mit Unternehmensverbänden, die sich in seiner Branche etabliert haben.

**Beispiel**

*Wenn Sie sich gerade bei einem Fußpfleger befinden, könnte Ihr Hinweis auf die soziale Bewährtheit wie folgt lauten:*

*„Im Rahmen der Gestaltung unserer Produkte und Dienstleistungen arbeiten wir sehr eng mit entsprechenden Vertretern Ihrer Branche zusammen. Wir haben bereits einen Rahmenvertrag mit dem Interessenverband Deutscher Fußpfleger e.V. geschlossen. Die Mitglieder dieses Vereins erhalten bei uns besondere Konditionen. Ein solcher Rahmenvertrag wäre nie zustande gekommen, wenn wir nicht die geeigneten Produkte für Fußpfleger hätten." („Klick")*

Besteht zwischen Ihrem Unternehmen und Vertretern Ihrer Zielgruppe noch keine entsprechende Kooperation, sollten Sie einen Berufsverband recherchieren, in dem sich die meisten Mitglieder Ihrer Zielgruppe organisieren. Es ist nun Ihre Aufgabe, eine solche Kooperation zwischen diesem Berufsverband und Ihrem Unternehmen voranzutreiben. Diese Aktivitäten können Sie immer in der Gesprächseröffnungsphase nutzen, um den Kaufschalter „soziale Bewährtheit" zu drücken.

*„Da wir gerade für Ihre Branche so tolle Produkte haben, stehe ich auch in Kontakt mit Herrn Müller. Herr Müller ist der Vorsitzende des Interessenverbandes Deutscher Fußpfleger e.V. Wir streben hier eine Verbandslösung für alle Mitglieder an."* *(„Klick")*

Selbst wenn Sie noch kein Gespräch mit einem Interessenverband Ihrer Zielgruppe geführt haben, aber bereits einen entsprechenden Verband recherchiert haben, können Sie immer reinen Gewissens sagen, dass Sie eine solche Kooperation anstreben, die genaue Gestaltung eines Rahmenvertrages jedoch noch aussteht. Sie sollten in diesem Fall schon einmal den Namen des jeweiligen Vorsitzenden parat haben und in Ihre Erzählung über Ihr Bestreben einfließen lassen. Der Kaufschalter „soziale Bewährtheit" wird auf jeden Fall seine Wirkung beim Kunden tun.

*„Ich strebe gerade eine Branchenlösung in Zusammenarbeit mit dem Interessenverband Deutscher Fußpfleger e.V. an. Da ich allerdings derzeit viele Termine insbesondere bei Ihren Kollegen habe, schaffe ich es einfach nicht, mich kurzfristig mit dem Vorsitzenden, Herrn Müller, in Verbindung zu setzen. Ich werde Sie aber hierüber auf dem Laufenden halten. Ein Ergebnis ist aufgrund der großen Nachfrage und meines deshalb sehr engen Terminkalenders kurzfristig allerdings noch nicht zu erwarten."* *(„Klick")*

- *Schauen Sie in Ihren Terminkalender, bei wem Sie Ihren nächsten Termin haben. Überlegen Sie nun, welcher Termin aus der Vergangenheit bei einer Vergleichsperson stattgefunden hat. Überlegen Sie sich weiterhin, wie Sie Ihren Kunden beiläufig auf diesen Termin bei seiner Vergleichsperson hinweisen können.*

- *Legen Sie sich für diesen Termin entsprechende Unternehmensbroschüren und Referenzschreiben zurecht, die auf die jeweilige Branche Ihres Kunden eingehen.*

- *Prüfen Sie nach, ob Ihr Unternehmen bereits einen Rahmenvertrag mit einem Berufsverband in der Branche Ihres Kunden geschlossen hat. Wenn ja, informieren Sie sich über die entsprechenden Vergünstigungen. Wenn nein, überlegen Sie, welcher Berufsverband künftig für eine solche Zusammenarbeit geeignet sein könnte.*

## Der Kaufschalter „soziale Bewährtheit" in der Argumentationsphase

In der Argumentationsphase lösen Sie den Auswahlkonflikt des Kunden. Sie müssen ihm seine Unsicherheit in Bezug auf die Entscheidung für ein bestimmtes Produkt oder eine bestimmte Dienstleistung nehmen. In der Argumentationsphase machen Sie, im Anschluss an eine Bedürfnisanalyse, einen konkreten Vorschlag für ein bestimmtes Produkt oder eine bestimmte Dienstleistung Ihres Sortiments. Nutzen Sie den Anfang-Ende-Effekt. Der Kunde ist zu Beginn der Argumentationsphase sehr aufmerksam. Die Informationen, die er zu diesem Zeitpunkt erhält, bleiben in seinem Gedächtnis haften. Fakt ist, dass er unsicher ist. Er befindet sich im Auswahlkonflikt. Ein Instrument, diese Unsicherheit abzubauen, ist der Vergleichstrieb des Kunden. Natürlich wird dieser Vergleichtrieb schwächer, je mehr wertvolle Informationen Sie als Berater dem Kunden an die Hand geben.

Dennoch sollten Sie sich darüber im Klaren sein, dass Sie diesen Trieb des Kunden nicht immer durch eine gute Beratung und einen damit verbundenen hohen Informationsgehalt ganz abbauen können. Ist der Kunde eher eine Person, die sich doppelt und dreifach absichert, bevor er ein Geschäft abschließt, wird er einen größeren Vergleichstrieb haben als ein Kunde, der eher schnell Entscheidungen bei gleichem vorhandenem Informationsgehalt trifft. Es ist also Ihre Aufgabe, neben einer guten Beratung auch dafür zu sorgen, dass durch den Kaufschalter „soziale Bewährtheit" ein beim Kunden schlummernder Vergleichstrieb – egal, ob stark oder schwach ausgeprägt – abgebaut wird. Streuen Sie im Gespräch bereits die notwendigen „Klicks" des Kaufschalters „soziale Bewährtheit" ein, um den Vergleichstrieb des Kunden von vornherein zu reduzieren. Wenn Sie also dem Kunden nach der Bedürfnisanalyse nun Ihre Bedürfnisbefriedigung vorstellen, weisen Sie ihn gleichzeitig auf die „soziale Bewährtheit" dieser Problemlösung hin. Und dies bitte gleich zu Beginn der Argumentationsphase, damit Sie den Anfang-Ende-Effekt ausnutzen können. Nennen Sie dem Kunden sofort Vergleichspersonen, bevor ihm sein Vergleichstrieb aufgrund seiner Unsicherheit überhaupt erst einmal bewusst wird.

### Beispiel

*„Aufgrund der von uns gemeinsam erarbeiteten Rahmenbedingungen ist für Sie unser Deluxe-Paket der optimale Problemlöser. Ihre Kollegen, die ähnliche Rahmenbedingungen haben, entscheiden sich immer für diesen Vorschlag." („Klick")*

oder in personalisierter Form

*„Aufgrund der von uns gemeinsam erarbeiteten Rahmenbedingungen ist für Sie unser Deluxe-Paket der optimale Problemlöser. Selbst die Firma Meier arbeitet mittlerweile sehr erfolgreich mit diesem Produkt." („Klick")*

oder bei Privatpersonen

*„Aufgrund der von uns gemeinsam erarbeiteten Rahmenbedingungen ist für Sie unser Deluxe-Produkt der optimale Problemlöser. Viele Familien mit Kindern nutzen dieses bereits und sind sehr zufrieden." („Klick")*

Sie schlagen so zwei Fliegen mit einer Klappe. Einerseits verweisen Sie auf Vergleichspersonen, die Ihrem Kunden die Sicherheit geben, sich für das richtige Produkt zu entscheiden, gleichzeitig legen Sie zu Gesprächsbeginn eine Normhöhe innerhalb der verschiedenen Produktebenen fest, die Sie dem Kunden unter Hinweis auf Vergleichspersonen nennen. Diese Normhöhe unterstützt Sie bei der Anwendung der Reziprozitätsregel, das höchstmögliche beim Kunden verkaufbare Angebot zu platzieren.

## Übung

- *Überlegen Sie bei der nächsten Terminvorbereitung, welcher Kunde aus der Vergangenheit ein ähnliches Produkt bzw. eine ähnliche Dienstleistung gekauft hat wie das, was eventuell für Ihren nächsten Kunden in Frage kommt.*
- *Inwieweit können Sie Ihren nächsten Interessenten über diese bestehende Kundenbeziehung informieren?*

## Tipp

Holen Sie bei Ihren zufriedenen Bestandskunden das Einverständnis ein, dass Sie mit ihnen in Form von Referenzen werben dürfen. So sind Sie immer auf der sicheren Seite, dass Sie die Kundennamen auch als Vergleichspersonen im Verkaufsgespräch nennen dürfen.

Die Argumentationsphase ist gekennzeichnet durch die Einwände Ihres Gesprächspartners. Nutzen Sie auch bei der Einwandbehandlung den Kaufschalter „soziale Bewährtheit", um entsprechende beeinflussende „Klicks" zu setzen. Ein Einwand des Kunden entsteht aus der Sorge, dass Ihr Produkt oder Ihre Dienstleistung möglicherweise einen Nachteil hat und daher seine Anforderungen nicht voll erfüllen kann. Sie als Verkäufer haben gelernt, mit solchen Einwänden umzugehen. Gegebenenfalls kennen Sie sogar aus der Praxis einen Kunden, bei dem Sie oder Ihr Unternehmen genau dieses vom Interessenten angesprochene Problem erfolgreich bewältigt haben. Dann sagen Sie dies auch Ihrem Kunden und nennen Sie den bestehenden Kunden als Vergleichsperson entweder in allgemeiner oder in personalisierter Form.

**Beispiel**

*„Ja, das ist ein guter Einwand! In der Tat ist genau so ein Fall in der Praxis bei einem bestehenden Kunden bzw. bei Unternehmer Meier mit genau diesem Produkt eingetreten. Auch hier konnte ich bzw. die Name-Ihres-Unternehmens-AG eine für den Kunden zufrieden stellende Lösung finden. Mittlerweile haben wir das Problem erkannt und unser Produkt entsprechend verbessert!" („Klick")*

Eine andere Form des Kundeneinwands ist die, dass Ihr Gesprächspartner generell seine Versorgungslücke oder seinen Bedarf als nicht so erheblich ansieht, dass eine Bedürfnisbefriedigung für ihn in Frage kommt. Dann sollten Sie auf Beispiele von Vergleichspersonen hinweisen, bei denen sich Ihr Produkt bereits „sozial bewährt" hat.

**Beispiel**

*„Ja, das ist richtig. Auf den ersten Blick ist die bestehende Versorgungslücke generell nicht als ein großes Risiko für Sie anzusehen. Das gleiche hat mir seinerzeit auch Frau Meier gesagt. Dennoch konnte ich Frau Meier dazu bewegen, diese Versicherung abzuschließen. Hierüber bin ich im Nachhinein ausgesprochen froh. Frau Meier war in einer ähnlichen Situation wie Sie, bis dann der Versorgungsbedarf eintrat und unsere Dienstleistung ihre volle Wirkung tat. Hätte Frau Meier diese Absicherung nicht getroffen, wäre sie heute ganz anders dran." („Klick")*

oder

*„Ja, das ist richtig. Auch Herr Unternehmer Meier wollte zunächst nicht glauben, dass unsere Software einen Mehrwert für sein Unternehmen bietet. Allerdings ist es ihm gelungen, allein durch die Einführung unseres Systems seine Betriebskosten um bis zu zehn Prozent zu senken." („Klick")*

Wenn Sie nun auch noch ein Referenzschreiben des Kunden vorlegen können, das genau diesen Sachverhalt widerspiegelt, ist der Vergleichstrieb des Kunden befriedigt. Er empfindet ein Gefühl der Sicherheit.

Kaufschalter „soziale Bewährtheit": Wir schwimmen mit dem Strom

Wenn Sie in der Argumentationsphase entsprechend alle Einwände des Kunden widerlegt haben und Sie die Abschlussphase einleiten möchten, nutzen Sie auch hier den Anfang-Ende-Effekt. Verweisen Sie auf Vergleichspersonen. Greifen Sie dafür auf Testergebnisse von Verbraucherschutzverbänden, unabhängigen Rankingagenturen oder auf TÜV-Zertifikate zurück, die Ihnen oder Ihrem Unternehmen ausgestellt wurden.

## Beispiel

*„Der Wagen ist in diesem Jahr als der sicherste seiner Klasse getestet worden." („Klick")*

*„Der Wagen ist der meistverkaufte seiner Klasse." („Klick")*

Bedenken Sie, dass Sie sich am Ende der Argumentationsphase befinden. Sie haben im Rahmen der Einwandbehandlung gemeinsam mit dem Kunden alle „Pros" und „Contras" durchgesprochen. Der Kunde sollte nun angesichts der von Ihnen genannten Informationen und der „Klicks" durch den Kaufschalter „soziale Bewährtheit" keine bzw. kaum noch Unsicherheit in seinem Auswahlkonflikt haben. Dieser Konflikt sollte gelöst sein. Ihr Kunde soll Ihnen nun Kaufsignale senden. Es kann aber sein, dass Sie diese nicht empfangen. Dann holen Sie sie sich eben von Ihrem Kunden ab – natürlich unter Hinweis auf seine Vergleichsgruppe!

## Beispiel

*„Wollen auch Sie nun wissen, wie wir die Konditionen gestalten, damit auch Sie bald mit dem sichersten Auto seiner Klasse fahren, wie viele andere sicherheitsbewusste Menschen auch?" („Klick")*

Dem Kunden bleiben nun zwei Möglichkeiten: Entweder er nennt Ihnen einen weiteren Einwand, dann behandeln Sie auch noch diesen und stellen im Anschluss wieder die gleiche Frage. Oder er antwortet gleich mit einem klaren „Ja". Dann leiten Sie bitte die Abschlussphase ein.

- Überlegen Sie sich im Vorfeld des Verkaufsgesprächs, wie Sie die Einwandbehandlung mit konkreten Beispielen aus bestehenden Kundenbeziehungen untermauern können.
- Stellen Sie anhand von konkreten Beispielen aus bestehenden Kundenbeziehungen, bei denen sich Ihr Produkt oder Ihre Dienstleistung besonders bewährt hat, Argumente für Ihr Produkt oder Dienstleistung zusammen.
- Finden Sie ein Alleinstellungsmerkmal Ihres Produktes oder Ihrer Dienstleistung vor dem Hintergrund der sozialen Bewährtheit.
- Formulieren Sie anhand dieses Alleinstellungsmerkmals einen Satz für die Einleitung der Abschlussphase.

## Der Kaufschalter „soziale Bewährtheit" in der Abschlussphase

Ihr Kunde befindet sich in dieser Gesprächsphase im Kaufentscheidungskonflikt. Er empfindet ein Entscheidungsrisiko. Ein Risiko, das er auch hier unter Befriedigung seines Vergleichstriebes reduzieren kann. In der Abschlussphase geht es nicht mehr um das „Warum", sondern um das „Wie", konkret geht es um die Bedingungen, zu denen Sie Ihrem Kunden Ihr Produkt oder Ihre Dienstleistung anbieten. Bei der Nennung der Konditionen sollten Sie daher auch den Kaufschalter „soziale Bewährtheit" drücken. Sie haben in der Argumentationsphase eine Normhöhe durch Nennung von Käufen von Vergleichspersonen innerhalb der Produktlinie festgelegt. Fixieren Sie nun Normkonditionen, ebenfalls unter Nennung von Vergleichspersonen.

Beispiel

„Insbesondere junge Familien, wie Sie eine sind, nutzen die Möglichkeit einer Finanzierung, damit die Haushaltskasse nicht so stark belastet wird." („Klick")

oder

„Gerade in Ihrer Branche legen Ihre Kollegen besonderen Wert auf eine gewisse Flexibilität bei den Zahlungsbedingun-

*gen. Daher bieten wir auch Ihnen ein Zahlungsziel von vier Wochen nach Lieferung. Damit sind bisher alle unsere Kunden Ihrer Branche gut gefahren." („Klick")*

oder

*„Wie ich Ihnen eingangs bereits mitgeteilt habe, haben wir einen Rahmenvertrag mit dem Interessenverband Deutscher Fußpfleger e.V. Sie erhalten selbstverständlich auch – wie Ihre zahlreichen Kollegen, die Mitglied und unsere Kunden sind – einen Rabatt in Höhe von zehn Prozent auf unseren Listenpreis." („Klick")*

Alle bisher genannten „Klicks" des Kaufschalters „soziale Bewährtheit" arbeiten mit dem Mechanismus des Informationseinflusses von Vergleichspersonen. Den normativen Einfluss dieses Kaufschalters haben Sie bisher jedoch noch nicht ausgenutzt. Daher noch ein Hinweis, wie Sie diese Karte ausspielen können. Bei der Anwendung des Sympathieschalters haben Sie den Kunden gespiegelt. Sie haben sich dem Kunden gegenüber als ähnlich präsentiert. Er sieht Sie – wenn Sie den Sympathieschalter ordentlich und glaubwürdig gedrückt haben – als Vergleichsperson. Drücken Sie daher den Kaufschalter „soziale Bewährtheit" ebenfalls unter Nennung Ihrer Person.

### Beispiel

*„Klar, dass ich als Ihr Berater und Mitarbeiter der Name-Ihres-Unternehmens-AG pro domo rede. Aber unabhängig davon, wäre ich nun an Ihrer Stelle, würde ich bei diesen Konditionen sofort zugreifen. Darf ich den Auftrag fertig machen?" („Klick")*

Wenn Sie sich als Vergleichsperson dargestellt haben und ein Produkt oder eine Dienstleistung verkaufen, die auch für Sie selbst in Frage kommen könnten, dann teilen Sie diesen Sachverhalt dem Kunden mit.

*„Auch ich habe mich für eine solche Absicherung in der glei-*
*chen Höhe entschieden. Darüber bin ich sehr froh. Und nun*
*können auch Sie dieses Gefühl der Sicherheit, wie ich es*
*schon habe, bekommen. Sollen wir die Geschäftsbeziehung*
*nun besiegeln?" („Klick")*

Sie befinden sich in der Abschlussphase des Verkaufsgesprächs. In der Eröffnungsphase haben Sie sich dem Kunden gegenüber ähnlich und damit sympathisch gemacht, Sie haben sich also in seinem dualen Denk- und Orientierungsmuster „wir" und „die anderen" unter „wir" positioniert. Sie haben dem Kunden kleine Geschenke gegeben und auf die soziale Bewährtheit von Ihnen und Ihrem Unternehmen hingewiesen. In der Argumentationsphase haben Sie gemeinsam mit dem Kunden ein Produkt oder eine Dienstleistung durchgesprochen, durch die die Bedürfnisse des Kunden befriedigt werden können. Gleichzeitig haben Sie dauerhaft die Ihnen bekannten Kaufschalter gedrückt und sich auch mit dem Kunden über den Reziprozitätsschalter auf einen Preis geeinigt. Das Ergebnis sollte nun sein, dass der Kunde bereits voll auf „Kauf" geschaltet ist.

Mit den zuletzt genannten Beispielen untermauern Sie seine „Programmierung" durch den normativen Einfluss des Kaufschalters „soziale Bewährtheit". Sie haben aufgrund aller vorgenannten Punkte bis jetzt alle Register gezogen. Sie haben gut beraten und hoffentlich gut beeinflusst. Trauen Sie sich! Sie sind nun absolut berechtigt, den Kunden – wie in den zuletzt beschriebenen Beispielen gezeigt – konkret nach dem Abschluss zu fragen. Bei allen Bedenken, die Sie vielleicht noch haben, glauben Sie wirklich, dass der Kunde Ihnen gegenüber jetzt noch als Buhmann dastehen möchte? Glauben Sie mir: Wenn Sie alles richtig gemacht haben, wird Ihr Kunde gar nicht anders können, als mit einem klaren „Ja" zu antworten.

Rein theoretisch könnten Sie an dieser Stelle bereits aufhören zu lesen und sich Ihren Verkäufen und damit Ihrem Umsatz widmen. Aber es geht noch weiter! Zwei wesentliche Kaufschalter warten noch auf Sie, um Ihre Abschlusswahrscheinlichkeit weiter zu erhöhen.

* Legen Sie Konditionen für Ihr Produkt oder Ihre Dienstleistung fest, die in der Zielgruppe Ihres Kunden die Norm sind.
* Überlegen Sie sich, wie Sie sich dem Kunden gegenüber als Vergleichsperson präsentieren können und eine konkrete Frage nach dem Abschluss stellen.

# 5.4 Zusammenfassung

| Kaufschalter soziale Bewährtheit ... | ... in der Gesprächseröffnungsphase | ... in der Argumentationsphase | ... in der Abschlussphase |
|---|---|---|---|
| In Situationen der Unsicherheit richten sich Menschen in der Regel an ähnlichen Personen aus. | Nennen Sie dem Kunden Vergleichspersonen und Berufsverbände, die bereits Ihr Produkt bzw. Ihre Dienstleistung nutzen oder einen Rahmenvertrag mit Ihrem Unternehmen geschlossen haben. Demonstrieren Sie Ihre „soziale Bewährtheit" durch Vorlage von Referenzschreiben, die Sie von Vergleichspersonen erhalten haben. | Verweisen Sie bei der Produktvorstellung und der Einwandbehandlung auf Vergleichspersonen. Leiten Sie die Abschlussphase unter Hinweis auf die soziale Bewährtheit ein. | Legen Sie unter Nennung von Vergleichsgruppen bzw. - personen Normkonditionen fest. Stellen Sie sich dem Kunden gegenüber als Vergleichsperson dar und fragen Sie konkret nach dem Abschluss. |

# 6. Kaufschalter „Autorität":
# Jawohl, Herr General!

Sie kennen aus den vorangegangenen Kapiteln das duale Denk- und Orientierungsmuster „wir" und „die anderen", an dem der Mensch sein Verhalten ausrichtet. Eine weitere Ausrichtung des Verhaltens erfolgt über das duale Denk- und Orientierungsmuster „glaubwürdig" und „unglaubwürdig"[79]. Personen, die Eigenschaften wie Wissen, Erfahrung und Einfluss besitzen, gelten als glaubwürdig. Es handelt sich um Autoritäten. Eine typische menschliche Verhaltensweise ist es, den Anordnungen von Autoritätspersonen ohne kritisches Hinterfragen Folge zu leisten[80]. Sie als Verkäufer müssen sich demzufolge Ihrem Kunden gegenüber als Autoritätsperson darstellen. Warum, ist klar: Sie als Autorität sollen am Ende des Verkaufsgesprächs Ihrem Kunden die Anweisung geben zu kaufen! Diese Kaufanweisung soll von ihm dann auch nicht mehr kritisch hinterfragt werden, sondern bedingungslos ausgeführt werden. Sie müssen sich deshalb in den Phasen des Verkaufsgesprächs sukzessive als Autorität präsentieren und zum guten Schluss eine Anweisung aussprechen. Bevor wir zu den Handlungsanweisungen für das Gespräch kommen, erfahren Sie, warum wir Menschen autoritätshörig sind und welche Faktoren eine solche Autoritätshörigkeit auslösen.

## 6.1 Die Rangordnung in unserer Gesellschaft

Alle Menschen auf dieser Welt sind in Gesellschaften hineingeboren worden, die ohne Autoritätshörigkeit nicht funktionieren würden. Daher ist die Autoritätshörigkeit jedem Menschen in die Wiege gelegt. Jeder Mensch muss sich immer und überall in eine Rangordnung eingliedern. Um in Gesellschaften leben zu können, werden wir von Geburt an durch Hierarchiesysteme sozialisiert. Das Elternhaus, die Schule, der Wehrdienst, der Beruf und andere soziale Institutionen tragen zu unserer Sozialisation bei[81]. In all diesen Bereichen finden sich Rangordnungen. Die Eltern sind ranghöher als die Kinder, der Lehrer hat einen höheren Rang als die Schüler, und Mitarbeiter von Unternehmen sind an die Weisungen der Vorgesetzten gebunden. Kennzeichen von Rangordnungen ist die Bereitschaft zur Unterordnung. Erst die Fähigkeit der Unterordnung schafft stabile Gemeinschaften bzw. Gesellschaften[82].

Stabile Gesellschaften basieren maßgeblich auf der Grundlage allgemeingültiger Ansichten, wie sich ein Individuum gegenüber einem anderen zu verhalten hat. Gehen wir an dieser Stelle wieder weit zurück in die Evolutionsgeschichte zu den Ursprüngen des Menschen: zum homo erectus. Der homo erectus zeichnete sich durch ein ausgeprägtes Gemeinschaftsleben aus. Diese Gemeinschaft setzte sich aus Jägern und Sammlern zusammen. Der homo erectus richtete sein Verhalten nach den dominanten Gruppenmitgliedern aus. Diese stellten sicher, dass die Nahrung geteilt wurde und Aggressionen innerhalb der Gruppe vermieden wurden. Diese Verhaltensweisen wurden auch dann praktiziert, wenn die dominanten Gruppenmitglieder nicht anwesend waren[83].

Dominante Individuen sind Autoritäten. Sie zeichnen sich durch einen hohen Rang innerhalb der Gemeinschaft aus. Hohe Rangpositionen werden durch soziale Führungseigenschaften wie

► die Fähigkeit, Freundschaften zu schließen,
► die Fähigkeit, Streit zu schlichten,
► die Fähigkeit, für Schwache einzustehen, und
► die Fähigkeit zu teilen

erreicht[84]. Nur durch Autoritäten auf der einen Seite und Autoritätshörigkeit auf der anderen Seite können allgemeingültige Ansichten, wie sich Menschen anderen Menschen gegenüber zu verhalten haben, von Generation zu Generation übermittelt werden. Unter diesem Aspekt ist Autoritätshörigkeit die Grundlage für die Übermittlung normativer Strukturen von Generation zu Generation und seit dem Ursprung des Menschen eine fest verankerte Verhaltensweise. Gehorsam gehört zu den deutlichsten Grundelementen der Struktur gesellschaftlichen Lebens.

Die Bereitschaft zur Unterordnung wurde auch im Alten Testament festgehalten. Die Geschichte von Abraham, der auf Anweisung Gottes sogar seinen eigenen Sohn opfern wollte, veranschaulicht eines der größten menschlichen Probleme. Es ist der Konflikt zwischen Gehorsam und Nächstenliebe. In diesem Beispiel erwies sich der Druck zur Unterordnung größer als Nächstenliebe und Moral[85].

Aber wie weit kann dieser Druck zum Gehorsam in unserem Zeitalter gehen? Vorab schon einmal die Antwort: Er geht sehr weit! Sie als dominanter Verkäufer haben also gute Karten, durch verschiedene „Autoritätsklicks" das Gehorsamkeitsband in Richtung „Kaufen" bei Ihrem Kunden „abspulen" zu lassen. Und ein einfacher Kauf eines Produkts oder einer Dienstleistung aufgrund von Autoritätshörigkeit ist rein gar nichts im Verhältnis zu dem, was Sie nun zu lesen bekommen!

Der Frage, wie weit der Druck des Gehorsams geht, ging Stanley Milgram in seinen Studien nach, die als das Milgram-Experiment bekannt wurden.

Die Anfangskonzeption bestand darin, eine Person in wachsendem Maße in Gewissenskonflikte zu stürzen. Die Versuchspersonen erhielten in einem psychologischen Laboratorium den Befehl, eine Reihe von Handlungen auszuführen, die im Gegensatz zu gültigen Moralvorstellungen und ethischen Werten wie Nächstenliebe standen. Die Kernfrage des Experiments war, wie lange sich die Versuchspersonen den Anordnungen des Versuchsleiters fügen würden, bis es zu einer Verweigerung der befohlenen Handlungen käme. In den darauffolgenden Studien, die als Lernexperimente dargestellt wurden, sollten Versuchspersonen einem anderen Kandidaten beibringen, einige Wortpaare zu lernen. Der als Schüler gekennzeichnete Kandidat war allerdings in das Experiment eingeweiht. Es handelte sich um einen 47-jährigen Buchhalter, der für diese Rolle ausgebildet worden war und auf die Versuchspersonen einen liebenswürdigen und freundlichen Eindruck machte. Er saß als Schüler in einem benachbarten Raum und wurde mit Elektroden versehen. Die Versuchspersonen wurden angewiesen, den Schüler bei fehlerhaft genannten Wortpaaren zu bestrafen. Die Bestrafung waren Elektroschocks wachsender Stärke. Begonnen wurde mit 15 Volt, die bis zu einer Stromstärke von 450 Volt erhöht wurden. Die verschiedenen

Stromstärken wurden mit Aufschriften versehen, die von „leichtem Schock" bis zu „bedrohlichem Schock" reichten. Der Schüler – also der liebenswürdige und freundliche 47 Jahre alte, in das Experiment eingeweihte Buchhalter – wurde angewiesen, bei einer Stromstärke von 75 Volt die Konfliktsituation durch ein Murren auszulösen. Die weiteren Reaktionen gingen von einem ausdrücklichen Beklagen und Bitten, aus dem Experiment entlassen zu werden, zu einem qualvollen Schreien ab 285 Volt über, das bei weiteren Erhöhungen der Stromstärke verstummte. Das Experiment brachte beunruhigende Ergebnisse. Bis zu 65 Prozent der Versuchspersonen gehorchten dem Versuchsleiter und verabreichten einem unschuldigen Opfer Stromstöße von bis zu 450 Volt[86].

Deshalb auch an dieser Stelle noch einmal zur Erinnerung: **Bitte setzen Sie Beeinflussungstechniken nur dann ein, wenn Sie die Ergebnisse Ihrer Beeinflussungsversuche auch vertreten können!** Die in diesem Buch beschriebenen Schalter sind in jedem Menschen fest verankert. Werden sie aktiviert, setzt automatisch der Autopilot ein. Dieser kann den Menschen zu positiven aber auch – wie oben beschrieben – zu negativen Handlungen navigieren. Es liegt an Ihnen, in welche Richtung der Autopilot programmiert wird! Bedenken Sie: Sie sind nicht nur für den Verkauf, sondern auch für die Kundenzufriedenheit zuständig! Die Richtung, in die Sie den Autopiloten des Kunden programmieren, muss daher immer die Koordinaten „Glück", „Vorteil" und „Bedürfnisbefriedigung" für den Kunden beinhalten! Neben „Kaufen" selbstverständlich.

Milgram führt das Ergebnis seiner Studien darauf zurück, dass sich eine Person, die in ein Autoritätssystem eintritt, nicht mehr als selbstbestimmtes Wesen, sondern als Vollstrecker der Wünsche einer anderen Person sieht. Konsequenz dessen ist, dass die Verantwortung für die Handlungen nicht mehr in der Person selbst, sondern bei der anwesenden und höherrangigen Person liegt. Die untergeordnete Person befindet sich in diesem Moment in einem psychischen Zustand, der anders ist als der, in dem sie vor der Eingliederung der Hierarchie war. Diesen Zustand bezeichnet Milgram als **Agens-Zustand**. Für die Veränderung in den Agens-Zustand sind verschiedene **Vorbedingungen** und **Bindungsfaktoren** erforderlich[87]. Die folgende Abbildung verdeutlicht noch einmal die Faktoren, die zu dem Agens-Zustand führen, und zeigt, welches Ergebnis dieser Zustand mit sich bringt.

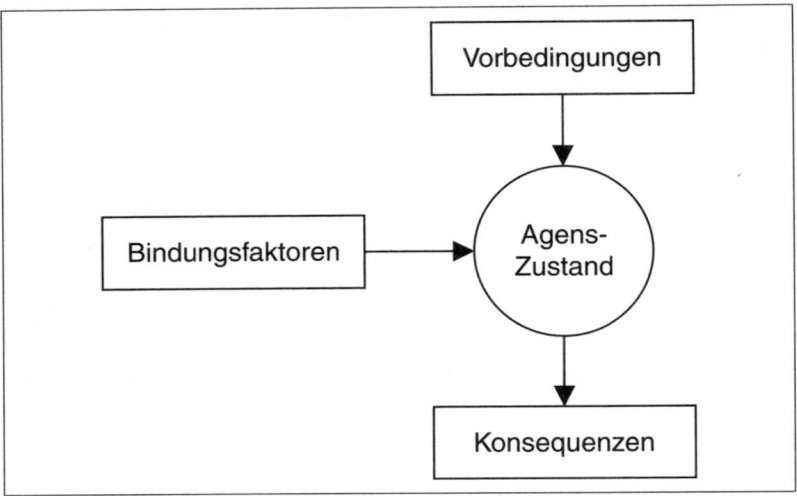

*Abbildung 5: Agens-Zustand, Quelle: Milgram (1974), S. 159*

Die Vorbedingungen können in mittelbare und unmittelbare differenziert werden. Mittelbare Vorbedingungen sind die genannten Autoritätsstrukturen in der Familie und den Institutionen sowie die damit verbundene Belohnungsstruktur. Im Allgemeinen wird in diesen Strukturen die Nachgiebigkeit gegenüber Autoritäten belohnt, während Ungehorsam bestraft wird. Wenn Sie als Kind nicht artig waren, haben Sie auch kein Bonbon von Ihren Eltern bekommen, und wenn Sie sich als Angestellter nicht an die Weisungen Ihres Vorgesetzten halten, können Sie sicher sein, dass das Bonbon der Gehaltserhöhung oder der Beförderung ebenfalls lange auf sich warten lässt. Ihnen sollten nun also die mittelbaren Vorbedingungen klar sein. Es sind die geltenden Autoritätsstrukturen in unserer Gesellschaft.

Die unmittelbaren Vorbedingungen werden durch zwei Faktoren determiniert:

1. Die Autorität muss wahrgenommen werden, und
2. es muss ein Eintritt in das Autoritätssystem erfolgen.

Kaufschalter „Autorität": Jawohl, Herr General!

Der Eintritt in ein Autoritätssystem geschieht durch das Über-treten einer physischen Schwelle in das Herrschaftsgebiet einer Autorität. Herrschaftsgebiete sind häufig durch einen physischen Zusammenhang begrenzt. Das Betreten einer Badeanstalt ist so-mit auch ein Eintreten in das Herrschaftsgebiet des Bademeis-ters, der in der Regel als Autorität anhand eines weißen T-Shirts und einer darüber hängenden Trillerpfeife erkennbar ist. Die Wahrnehmung einer Autorität ist also maßgeblich von der Klei-dung dieser Person sowie von ihrer Ausstattung mit bestimmten Autoritätssymbolen abhängig.

Die Bindungsfaktoren sind Faktoren, die Personen veranlassen, an dem Agens-Zustand festzuhalten. Typisch für menschliches Verhalten ist es, auf Standpunkten, die man einmal vertreten hat, zu beharren. Hat man sich erst einmal in eine Hierarchie einge-ordnet und nach Anweisungen gehandelt, werden Argumente ge-sucht, die das bisherige Handeln rechtfertigen. Auch wird die anerkannte Autorität nicht mehr in Frage gestellt[88]. Die psycholo-gischen Hintergründe hierfür werden im nächsten Kapitel darge-stellt, in dem es um den Kaufschalter „Konsistenz" geht.

Der Agens-Zustand führt zu einer automatischen Autoritätshörig-keit. In vielen Situationen ist es sinnvoll, dass wir unsere persönli-che Steuerzentrale – das Gehirn – entlasten und uns Autoritäten unterordnen, da diese oft über mehr Wissen, Erfahrung und Ein-fluss verfügen. Autoritätshörigkeit vereinfacht in vielen Sachlagen die Entscheidungsfindung[89]. Beeinflussungstechniken, die da-rauf abzielen, Autorität zu erzeugen, um dann den Automatismus des Gehorsams zu nutzen, instrumentalisieren die unmittelbaren Vorbedingungen, insbesondere die Wahrnehmungsmerkmale von Autoritäten.

## Das Autoritätsprinzip

In unserer Gesellschaft gehört Gehorsam zu den grundlegendsten Verhaltensweisen. Eine typisch menschliche Verhaltensweise ist es, den Anordnungen von Autoritätspersonen ohne kritisches Hinterfragen Folge zu leisten. Wird eine Anordnung entsprechend ausgeführt, befindet sich der Handelnde in einem Zustand, der in der Wissenschaft als Agens-Zustand bezeichnet wird. Durch Beeinflussungstechniken kann der Mensch in diesen Zustand versetzt und so der „Klick-Spul-Effekt" ausgelöst werden.

Zu Beginn des Kapitels wurden die Faktoren beschrieben, die unmittelbar zu einer Wahrnehmung von Autorität führen: die Fähigkeit, Freundschaften zu schließen, Streit zu schlichten, für Schwache einzustehen, und zu teilen. Die Sozialpsychologen John R.P. French Jr. und Bertram Raven sind hier etwas genauer. Sie haben eine bis heute gültige Liste von Fähigkeiten und Merkmalen erstellt, die zu autoritärer Macht führen können. Demnach ergeben sich Einflussmöglichkeiten durch

► die Fähigkeit, zu bestrafen und zu belohnen,
► durch Innehaben einer Position, die legitime Befugnisse verleiht,
► durch Sachkunde und
► durch die äußere Erscheinung der Person,

die andere dazu veranlasst zu folgen[90].

Während die Fähigkeit, zu bestrafen und zu belohnen, ein Teil der Persönlichkeit ist, können die Position, die Sachkunde und die äußere Erscheinung bewusst so dargestellt werden, dass sie Autorität vermitteln. In erster Linie erfolgt dies durch autoritätsvermittelnde Symbole[91].

Die effektivsten Autoritätssymbole sind Titel. Titel haben einen enormen Einfluss auf das Verhalten der Interaktionspartner. Sie veranlassen zu Ehrerbietung und automatischer Einschätzung in glaubwürdig und kompetent. Gleichzeitig tendiert der Mensch dazu, physische Größe und Status zusammenhängend wahrzunehmen. Titelträger werden daher größer wahrgenommen als

Personen gleicher Größe ohne Titel. Im Umkehrschluss ist es großen Personen möglich, Status mit Hilfe der Größe vorzutäuschen[92].

Auch eine Änderung der äußeren Erscheinung kann - neben der Ausstattung mit Titeln - zu autoritärem Ansehen verhelfen. Da das Zuordnen von Autorität bis zu einem gewissen Grad auch an das Alter geknüpft ist[93], können Merkmale wie graues Haar und Brille bewusst unterstrichen werden, um Autorität vorzutäuschen. Bestimmte Berufskleidungen, wie der Kittel des Arztes oder der Anzug des Bankkaufmanns, betonen ebenfalls die Autorität des Trägers. Die Kleidung kann weiterhin dazu benutzt werden, Status und Rang zu signalisieren. In diesem Fall wird bevorzugt auf teure und stilvolle Kleidung zurückgegriffen. Zur Unterstützung dienen dann auch andere Luxusartikel, wie Schmuck und Nobelautos[94].

## 6.2 Die Macht der Beeinflussung oder von der Köpenickiade und anderen Symbolen der Macht

Ein sehr gutes Beispiel für das Nutzen von Autoritätssymbolen zur Beeinflussung anderer Menschen lieferte uns Friedrich Wilhelm Voigt (1849 bis 1922). Friedrich Wilhelm Voigt wurde als Hauptmann von Köpenick bekannt. Der arbeitslose Schuhmacher Voigt machte vor seinem Komödiantenstück in Köpenick als notorischer Kleinkrimineller von sich reden, so dass er häufig Kost und Logis durch den Staat in Anspruch nahm. Voigt nutzte seine Verweildauer in den Gefängnissen kreativ, um die Köpenickiade auszuhecken. Noch im Jahr seiner letzten Haftentlassung besorgte er sich bei verschiedenen Trödlern Uniformteile und stellte diese zu einer Hauptmannsuniform zusammen. In dieser Verkleidung hielt er dann am 16.10.1906 in Berlin einen Trupp Gardesoldaten an und unterstellte sie seinem Kommando. Mit diesem Aufgebot im Rücken bewegte er sich nach Köpenick, das damals noch nicht zu Berlin eingemeindet war, und besetzte das dortige Rathaus, verhaftete Bürgermeister sowie Kämmerer und beschlagnahmte die Stadtkasse. Ein arbeitsloser Schuhmacher in einer Hauptmannsuniform!

Lediglich die Uniform und ein selbstbewusstes Auftreten verhalfen Voigt dazu, bei den Soldaten den Agens-Zustand auszulösen. Die Uniform und ein paar zackige Befehle waren in diesem Fall die entscheidenden „Klicks" für das „Abspulen" von bedingungslosem Gehorsam. Die Kleidung und die militärische Wortwahl Voigts waren Teil der unmittelbaren Vorbedingungen für den Agens-Zustand. Voigt wies sich so als Autorität aus und wurde von den Soldaten auch als eine solche wahrgenommen.

Sie können sich sicher vorstellen, dass sich der Ablauf dieses Theaters über mehrere Stunden hingezogen haben muss. Dies unterstreicht die Kraft der Bindungsfaktoren an den Agens-Zustand. Nachdem sich die Gardesoldaten erst einmal in Voigts Hierarchie eingeordnet und nach seinen Anweisungen gehandelt hatten, werden sie sich innerlich Argumente gesucht haben, die ihr bisheriges Handeln rechtfertigten. Auch wurde die anerkannte Autorität Voigts nicht mehr von den Soldaten in Frage gestellt. Voigt fand seinen Platz in dem dualen Denk- und Orientierungsmuster „glaubwürdig" und „unglaubwürdig" der Soldaten unter „glaubwürdig". Bis zum Schluss befolgten sie seine Befehle – auch noch, nachdem Voigt bereits das Kommando abgegeben und den Ort des Geschehens verlassen hatte.

Erinnern Sie sich an dieser Stelle wieder an den homo erectus. Der homo erectus richtete sein Verhalten nach den dominanten Gruppenmitgliedern aus. Diese stellten sicher, dass die Nahrung geteilt wurde und Aggressionen innerhalb der Gruppe vermieden wurden. Diese Verhaltensweisen wurden auch dann praktiziert, wenn die dominanten Gruppenmitglieder nicht anwesend waren!

Auch die gefoppten Soldaten besetzten noch eine weitere halbe Stunde, nachdem die Aktion beendet und als Voigt schon fort war, das Rathaus, so dass der „Hauptmann von Köpenick" einen gesicherten Rückzug antreten konnte. Nur dem Tipp eines ehemaligen Zellengenossen, der von den Plänen der Köpenickiade wusste, war es zu verdanken, dass die Polizei Friedrich Wilhelm Voigt zehn Tage später fassen konnte.

Die Geschichte von Voigt nahm Carl Zuckmayer 1930 zum Anlass, die Tragikomödie „Der Hauptmann von Köpenick. Ein deutsches Märchen" zu schreiben. Das Stück wurde am 5. März 1931 am Deutschen Theater Berlin uraufgeführt. In den bekanntesten Verfilmungen spielten 1956 Heinz Rühmann und 1997 Harald Juhnke die Titelrolle.

In der heutigen Praxis werden Autoritätssymbole zur Beeinflussung in der Werbung eingesetzt. Zahncreme wird von Doktoren der Zahnmedizin beworben, und Finanzdienstleister werben mit zufriedenen Kunden, die mit Luxusartikeln ausgestattet sind.

Um die Vertrauenswürdigkeit nochmals zu unterstreichen, wird in der Werbung und bei Verhandlungen häufig zusätzlich die **Technik der zweiseitigen Argumentation** angewendet. Ziel ist auch hier, die eigenen Aussagen unter „glaubwürdig" in dem dualen Denk- und Orientierungsmuster „glaubwürdig" und „unglaubwürdig" des Konsumenten einzuordnen. Bei dieser Technik argumentiert man in geringem Maße gegen die eigenen Interessen, um die eigene Ehrlichkeit unter Beweis zu stellen. Die dabei aufgezählten Nachteile des Produktes bzw. Schwächen von Standpunkten bei Verhandlungen sind allerdings so unbedeutend, dass die Vorteile bzw. die dafür sprechenden Argumente die genannten Nachteile schnell aus dem Weg räumen und der eigene Standpunkt gegen kritische Einwände immunisiert wird[95].

Im Verkaufsgespräch ist es Ihr Ziel, den Kunden in den Agens-Zustand zu versetzen und als „glaubwürdig" angesehen zu werden. Es ist unabdingbar, dass Ihr Kunde Sie als Autorität wahrnimmt. Wie Sie dies erreichen, erfahren Sie im Folgenden.

# 6.3 Der Kaufschalter „Autorität" in den Phasen des Verkaufsgesprächs

*„Sir! Jawohl, Sir!"*

## Die Promovierten

Vor meinem Studium der Wirtschaftswissenschaften und dem Studium zum Kommunikationswirt habe ich eine Ausbildung als Versicherungskaufmann absolviert. Nun wissen Sie auch, warum ich als Verkäufer in der Versicherungsbranche tätig bin. Nach meiner Ausbildung war ich noch einige Zeit als Sachbearbeiter in der Leistungsabteilung einer Versicherung tätig. Zu meinen Aufgaben gehörte es, eingehende Versicherungsfälle in Form von Leistungsauszahlungen abzuarbeiten und nicht versicherte Kosten der Kunden abzulehnen. Auch war es meine Pflicht, eingehende Korrespondenz der Kunden zu Leistungsfragen zu beantworten. Eines Tages erhielt ich einen Brief mit etwa folgendem Wortlaut:

*„Sehr geehrter Herr Prack,*

*wie Sie mir mit Ihrem Schreiben mitteilen, sind Sie nicht bereit, die von mir eingereichte Rechnung zu erstatten. Ich bestehe auf einer nochmaligen Überprüfung auch unter Berücksichtigung meiner Person und meiner Kontakte.*

*Hochachtungsvoll*

*Priv. Doz. Dr. med. habil. Oberschlau"*

Zu den Gefühlen, die dieses Schreiben in mir auslöste, werden wir später kommen. Doch zunächst eine andere Geschichte. Auch als Verkäufer von Versicherungs- und Finanzdienstleistungen treffe ich häufig auf den Typ „Dr. Oberschlau". Hier die Schilderung eines Zusammentreffens mit dieser Gattung.

Ein Kunde bat mich zu einem Termin für eine Finanzberatung. Hier ging es insbesondere um die Anlage von Geldern, die aus einer ablaufenden Lebensversicherung frei wurden. Da mir der Kunde bei der Terminvereinbarung keine genauen Hinweise zu seinen Anlagevorstellungen gegeben hatte, begann ich das Gespräch mit einem kurzen Überblick, was die Landschaft der Finanzdienstleistungen alles zu bieten hatte. Zumindest wollte ich dieses tun, um dann mit der Bedürfnisanalyse zu beginnen. Der Einstieg in das Gespräch verlief ungefähr so:

*„Herr Dr. Oberschlau, Sie haben einen Termin mit mir vereinbart, damit wir zusammen über eine mögliche Anlage Ihres frei werdenden Geldes sprechen. Hier stehen uns vielfältigste Anlageformen zur Verfügung. Das fängt bei einer sehr konservativen ..."*

Der Kunde unterbrach mich.

*„Ja, ja. Her Prack, ich bin ja nun Doktor. Ich weiß, wo es langgeht."*

Ich möchte Ihnen verraten, dass es sich bei diesem Kunden um einen Arzt handelte. Aufgrund dieser akademischen Ausbildung hatte er auch seinen Titel erworben. Eine Doktorarbeit ist ohne Zweifel eine herausragende Leistung auf dem jeweiligen Fachgebiet. Aber was nun bitte hatte sein Titel mit Finanzdienstleistungen zu tun? Mir lag diese Frage auf der Zunge, ich habe sie mir aber verkniffen.

Viel wichtiger ist doch die Frage, was die beiden Herren mir begreiflich zu machen versuchten: Sie wollten sich mir gegenüber als Autorität darstellen.

Im ersten Fall muss ich gestehen, dass ich zunächst etwas eingeschüchtert war. *„Vielleicht ist das wirklich ein Mensch mit viel Einfluss, den man kennen muss. Bei dem langen Titel"* schoss es mir durch den Kopf. Die ersten Auswüchse des Agens-Zustandes machten sich in mir breit. Ich überprüfte – wie befohlen – daher nochmals ganz genau meine Entscheidung über die Ablehnung und kam zum gleichen Ergebnis: Die eingereichten Kosten waren nicht versichert und damit nicht erstattungsfähig. Ich musste also erneut eine schriftliche Ablehnung verfassen. Noch einige Tage später harrte ich der Dinge, die jetzt wohl kommen würden. Aber kein Kontakt von Herrn Priv. Doz. Dr. med. habil. Oberschlau hat sich jemals bei mir gemeldet und eine andere Entscheidung ausgelöst. Nichtsdestotrotz, allein der Titel „Priv. Doz. Dr. med. habil." und der Schreibstil kombiniert mit einem Schuss Frechheit, haben in mir den Agens-Zustand ausgelöst. Und, glauben Sie mir, hätte ich als Sachbearbeiter über den nötigen Entscheidungsspielraum verfügt, ich hätte vielleicht Kulanz walten lassen.

Im zweiten Fall kam während meiner Beratung zu Tage, dass Herr Dr. Oberschlau keineswegs wusste, „wo es langgeht". Ich lag also richtig mit meiner anfänglichen Fragestellung: *„Was bitte hat ein Doktortitel der Medizin mit Finanzdienstleistungen zu tun?"*

Die Beispiele machen aber dennoch Eines deutlich: die in unserer Gesellschaft fest verankerte Autoritätshörigkeit. Beide Personen waren in einem reifen Alter und werden im Laufe ihres Lebens die Erfahrung gemacht haben, dass ihr Titel ihnen bisher gut weitergeholfen hat. Ein Titel kann einige Türen öffnen, die sonst vielleicht verschlossen bleiben. Auch verhilft ein Titel zu Ansehen und damit bei Gesprächen zu einer anderen Gesprächsebene, auf der sich der Titelträger bewegt. Also lag es für den ersten Promovierten nahe, immer dann, wenn er eine Forderung stellte, die auf normalen Weg nicht zu erreichen war, seinen Titel hervorzuheben. Der zweite Promovierte unterstrich durch die Betonung seines Titels, dass er mich lediglich als Produktgeber und nicht als Berater ansah. Er war es wohl gewohnt, dass Gespräche mit ihm aufgrund seines Titels immer auf einer unterschiedlichen Augenhöhe stattfanden. Aber seien Sie gewiss: Ich konnte diesen Menschen von seinem hohen Ross herunterholen. Und das auch nur, weil ich von Beginn des Gespräches an nicht in den Agens-Zustand verfallen bin. Der Agens-Zustand hätte mich sicherlich innerlich dabei gebremst, durch Selbstvertrauen und fachliche Kompetenz das Gespräch wieder auf eine gleiche Augenhöhe zu lenken.

In den folgenden Kapiteln lesen Sie, wie Sie sich in den einzelnen Phasen des Verkaufsgesprächs gekonnt als Autorität darstellen und so Ihren Kunden in den Agens-Zustand verfallen lassen.

## Der Kaufschalter „Autorität" in der Gesprächseröffnungsphase

Ihr Kunde ist in dieser Phase des Verkaufsgespräches dem Absichtskonflikt ausgesetzt. Er entscheidet, ob er Sie als „glaubwürdig" oder „unglaubwürdig" einstuft. Sie wissen, dass Autoritäten ihren Platz innerhalb dieses dualen Denk- und Orientierungsmusters unter „glaubwürdig" finden. Deshalb müssen Sie sich als Autorität darstellen und versuchen, den Agens-Zustand bei Ihrem Kunden auszulösen. Der Agens-Zustand wird durch die Vorbedingungen und die Bindungsfaktoren initiiert. Die Bindungsfaktoren tun ihre Wirkung, wenn Ihr Kunde Sie als Autorität akzeptiert hat. Diese Akzeptanz können Sie durch die Vorbedingungen herbeiführen.

Zunächst zu den mittelbaren Vorbedingungen: Ihr Kunde hat mit Ihnen einen Termin vereinbart, um Informationen über Ihre Produkte und Dienstleistungen zu erhalten. Sie sind also zunächst einmal, was das Fachwissen angeht, in einer ranghöheren Position. Sicher gibt es auch den „Dr. Oberschlau", der das nicht sofort verstehen will. Dennoch sind die mittelbaren Vorbedingungen erst einmal klargestellt. Nun müssen Sie die unmittelbaren Vorbedingungen auf den Agens-Zustand einstellen. Und das muss so intensiv erfolgen, dass auch der letzte Dr. Oberschlau Sie als Autorität akzeptiert! Die unmittelbaren Vorbedingungen werden durch zwei Faktoren gekennzeichnet:

1. die Wahrnehmung einer Autorität und
2. den physischen Eintritt des Kunden in das Herrschaftsgebiet der Autorität.

Beginnen wir mit dem zweiten Faktor. Ihr Kunde sollte eine physische Schwelle in Ihr Herrschaftsgebiet übertreten. Ihr Herrschaftsgebiet ist Ihr Büro. Die physische Schwelle ist Ihre Eingangstür. Sie sollten daher immer versuchen, die Verkaufsgespräche in Ihren Räumlichkeiten zu führen.

### Beispiele

*„Ich schlage Ihnen vor, dass wir uns in unseren Räumlichkeiten treffen, hier habe ich besser die Möglichkeit der Präsentation."*

oder

*„Ich schlage Ihnen vor, dass wir uns in unseren Räumlichkeiten zusammensetzen, hier können wir jederzeit auf alle erforderlichen Daten zugreifen, so dass auch keine Ihrer Fragen offen bleibt."*

Freilich ist ein Termin bei Ihnen nicht immer durchzusetzen, dennoch sollten Sie bei der Terminvereinbarung stets diesen Sachverhalt im Auge behalten und dem Kunden anbieten, zu Ihnen zu kommen. Grundsätzlich gilt jedoch: Lieber ein Termin beim Kunden als gar kein Termin! Bekommen Sie es hin, dass das Verkaufsgespräch in Ihren Räumlichkeiten stattfindet, steht bereits das Fundament für den Übergang des Kunden in den Agens-Zustand. Ihr Kunde hat durch das Betreten Ihrer Räumlichkeiten die Schwelle Ihres Herrschaftsgebietes überschritten und ist damit in das dort geltende Autoritätssystem eingetreten. Sie müssen nunmehr noch als Autorität wahrgenommen werden. Bei Gesprächen in den Räumlichkeiten des Käufers hingegen müssen Sie sich ausschließlich darauf verlassen, als Autorität wahrgenommen zu werden. Erfolgt Ihr Besuch beim Kunden zudem ohne Vereinbarung, kann Ihr Gegenüber in vollem Umfang seine Autorität ausspielen. Dies ist ein wesentlicher Faktor, der den Übergang des Kunden in den Agens-Zustand verhindern kann. Die häufig als Akquisestrategie angepriesene **Direktansprache** zielt auf Gespräche in den Räumlichkeiten des Kunden ohne Termin ab. Vor dem genannten Hintergrund ist diese Form der Kundenakquise sicherlich als Königsdisziplin zu bezeichnen, allerdings sind nur wenige Verkäufer auf diesem Weg wirklich erfolgreich.

Wenn Sie ein Verkäufer sind, der sowohl Verkaufsgespräche beim Kunden als auch bei sich im Büro führen kann, dann werden Sie – wenn Sie einmal zurückdenken – gemerkt haben, dass Ihnen, was die Abschlussbereitschaft des Kunden angeht, die Gespräche in Ihren Räumlichkeiten sicherlich etwas leichter gefallen sind als die Gespräche beim Kunden vor Ort. Grund ist natürlich die Autoritätshörigkeit der Menschen innerhalb ihres Herrschaftsgebietes.

## Übung

*Überlegen Sie, welche Gründe Sie dem Kunden bei der Terminvereinbarung nennen können, dass ein Verkaufsgespräch besser in Ihren Räumlichkeiten stattfinden sollte.*

Als nächstes widmen wir uns dem anderen Faktor der unmittelbaren Vorbedingungen: der Wahrnehmung als Autorität. Egal, ob beim Kunden oder bei Ihnen: Sie müssen stets und bis in das kleinste Detail an der Auslösung des Agens-Zustandes arbeiten. Gehen Sie gerade und aufrecht in das Gespräch mit dem Kunden! Sie wissen, dass Ihr Kunde die physische Größe und den Status als zusammenhängend wahrnimmt. Es zählt daher jeder Zentimeter Ihrer Körpergröße!

## Tipp

Trainieren Sie einen geraden und aufrechten Gang! Sie werden nicht nur von Ihren Mitmenschen eher als Autorität wahrgenommen, sondern tun auch etwas für Ihren Bewegungsapparat.

Und nun zu den Autoritätssymbolen, die Ihr Kunde optisch bei Ihnen wahrnehmen soll. Diese sind:

- ▶ die Kleidung,
- ▶ Ihr Fahrzeug,
- ▶ Ihre Verkaufsunterlagen,
- ▶ Ihre kleinen Accessoires.

Beginnen wir mit der **Kleidung**. Sie wissen aus dem Kapitel „Sympathie", dass Sie Ihren Kunden hinsichtlich seines Äußeren spiegeln sollen. Wenn Sie dieses tun, achten Sie darauf, dass Ihre Kleidung gepflegt und hochwertig ist. Hochwertige Kleidung – insbesondere Markenkleidung – ist ein Autoritätssymbol. Das haben wir schon in der Schule gelernt. Mitschüler mit Markenklamotten haben immer mehr Ansehen genossen als Mitschüler ohne solche Statussymbole. Mittlerweile hat sich dieses Phänomen so stark entwickelt, dass viele Schulen erwägen, eine Schuluniform einzuführen, um die Ausgrenzung von Schülern aus sozial schwächeren Haushalten zu vermeiden. Hintergrund ist auch hier wieder die geltende Rangordnung in unserer Gesellschaft!

Ihr Ziel ist es, sich bewusst von Ihren Mitbewerberverkäufern abzugrenzen. Tragen Sie daher bei Verkaufsgesprächen immer entsprechende Markenkleidung. In manchen Berufen ist ein Anzug für den Verkäufer unabdingbar. Anzüge sind Autoritätssymbole. Wenn Sie ein Anzugträger sind, hier ein Tipp, wie Sie Ihre Anzüge von der Stange durch einen kleinen Trick zu Maßanzügen aufwerten können. Denn Maßanzüge sind noch einschlagendere Autoritätssymbole.

Jeder Anzug hat an den Ärmeln eine Knopfleiste. Diese Knopfleiste dient einzig und allein der Dekoration. Bei Massenware ist es zu aufwendig, diese Dekorleiste mit Knopflöchern zu versehen. Bei Maßanzügen ist dies anders. Die Knöpfe an den Ärmeln von Stangenanzügen haben damit eine reine Dekorfunktion. Selektieren Sie daher Ihre schönsten und am besten sitzenden Anzüge und bringen diese zum Schneider. Ihr Schneider soll die jeweils ersten Knöpfe an den Ärmeln mit Knopflöchern versehen, so dass dieser Knopf auch eine echte Funktion hat. Wenn Sie Ihre Anzüge nun entsprechend geändert haben, lassen Sie stets dieses Knopfloch bei Ihrem Anzug offen. So vermitteln Sie auf eine kostengünstige Art und Weise den Anschein, dass es sich bei Ihrem Anzug um einen Maßanzug handelt. Ihr Konfektionsanzug wird damit zu einem noch größeren Symbol der Autorität („Klick"). Auch Manschettenknöpfe werten ein Hemd deutlich auf und sind bereits günstig zu haben. Nutzen Sie dieses kleine Zubehör für einen „Autoritätsklick".

Nun zu Ihrem **Fahrzeug**. Ihr Auto sollte Ihren Erfolg widerspiegeln. Wenn Sie Finanzberater sind, dann sollten Sie auch Ihre eigenen Finanzen so regeln können, dass Sie mit einem entsprechenden Fahrzeug bei dem Kunden vorfahren können. Große Luxusautos stehen für Erfolg und damit für Autorität und damit für Glaubwürdigkeit. Können Sie sich noch kein entsprechendes Auto leisten oder sind Sie in einer Branche, in der Sie ein solches Luxusauto nicht unbedingt vorzeigen müssen, dann funktionieren Sie Ihren aktuellen Wagen zu einem Firmenwagen um. Machen Sie Werbung auf Ihrem Auto, so dass dieses als Teil Ihres Unternehmens angesehen wird. Zeigen Sie, dass Ihr Unternehmen es für angemessen hält, für Ihren fahrbaren Untersatz zu sorgen („Klick").

Ihre **Verkaufsunterlagen** tragen Sie bitte in einer hochwertigen Verkaufsmappe zu Ihrem Kunden. Auch ein Laptop als Mittel zur Produktpräsentation ist im Verkaufsgespräch als „Autoritätsklick" sehr hilfreich.

Als kleines **Accessoires**, das Ihre Autorität widerspiegelt, dient Ihr Schreibgerät. Ein hochwertiger Füller, mit dem Sie dem Kunden Ihre stetige Erreichbarkeit schenken („Reziprozitätsklick"), macht mehr her als ein einfacher Kugelschreiber mit einem Werbeaufdruck. Auch eine schöne Uhr kann für Stil und Erfolg stehen.

Mit einfachen Worten: Peppen Sie nicht nur aus Gründen der Sympathiegewinnung Ihre Attraktivität auf, sondern arbeiten Sie auch an Ihrem Äußeren, um Autorität auszustrahlen.

Wenn Sie Ihren Kunden begrüßen, tun Sie dies laut und deutlich. Jede der Personen in dem Raum, in dem Sie sich bei der Begrüßung befinden, soll Sie registrieren. Zeigen Sie, dass Sie selbstbewusst sind. Begrüßen Sie Ihren Kunden mit einem festen Händedruck und suchen Sie dabei den Blickkontakt! Der Blickkontakt ist wichtig. Sie kennen sicherlich den Ausspruch „der kann einem nicht in die Augen sehen". Das soll man nicht über Sie sagen, denn Blickkontakt steht für Glaubwürdigkeit! („Klick")

Stellen Sie sich Ihrem Kunden wie folgt vor:

*„Herr Doktor Kunde, wir haben uns noch nicht persönlich kennen gelernt, deshalb möchte ich mich Ihnen an dieser Stelle erst einmal vorstellen. Ich bin der Beauftragte der „Name-Ihres-Unternehmens-AG" für die Beratung unserer Kunden speziell für Ihre Branche." („Klick")*

Sie weisen den Kunden direkt damit auf den Sachverhalt hin, dass die von Ihnen vertretenen Produkte und Dienstleistungen speziell auf ihn zugeschnitten sind. Es wurden in der Vergangenheit so viele Produkte und Dienstleistungen in der Branche des Kunden abgesetzt, dass Ihr Unternehmen Branchenspezialisten – nämlich Sie – ausgebildet hat. Diese Information löst beim Kunden das „Klick" aus, Sie als kompetenten und glaubwürdigen Gesprächspartner zu sehen.

Wenn Sie Ihre Visitenkarte übergeben – als Geschenk bzw. Reziprozitätsklick – dann sollte die Karte auch die Informationen enthalten, die Sie Ihrem Kunden bei der Vorstellung gegeben haben. Geizen Sie nicht mit Titeln, denn Titel sind Autoritätssymbole!

### Beispiel

*„Direktionsbeauftragter für Transportunternehmen" („Klick")*

oder

*„Firmenberater" („Klick")*

Daneben sollte natürlich auch Ihr akademischer Titel – soweit vorhanden – sowie Ihr Titel innerhalb des Unternehmens wiederzufinden sein:

### Beispiel

*„Vertriebsleiter" („Klick")*

oder

*„Sales Manager" („Klick")*

Nutzen Sie Ihre Branchenkenntnisse beim Smalltalk in der Gesprächseröffnung und verweisen Sie gleichzeitig auf Vergleichspersonen, um auch den Schalter der „sozialen Bewährtheit" zu drücken.

## Beispiel

Wenn Sie sich gerade bei einem Arzt befinden, könnte Ihre Einleitung in den Smalltalk in etwa so lauten:

*„Ich komme gerade von einem Termin mit einem Kollegen von Ihnen. Hier haben wir uns angeregt über die neuesten Äußerungen unserer Gesundheitsministerin über die Gesundheitsreform unterhalten. Was halten Sie davon?" („Klick")*

oder wenn Sie gerade mit einem Transportunternehmer sprechen:

*„Ich komme gerade von einem anderen Transportunternehmer. Hier haben wir über die aktuellen Entwicklungen unseres Mautsystems gesprochen. Was halten Sie davon?" („Klick")*

Egal, mit wem Sie sprechen, es gibt immer aktuelle Entwicklungen in der Wirtschaft und Politik zu jeder Branche und zu privaten Haushalten, die Sie als Thema für einen Smalltalk ansprechen können. Wichtig dabei ist, dass Sie sich auf die Branche oder die jeweilige Lebenssituation Ihres Kunden beziehen. Sie untermauern damit Ihr Fachwissen als Spezialist für diesen Kunden. Sie schauen auch über den Tellerrand Ihres Produkts oder Ihrer Dienstleistung hinaus, auf die Bedürfnisse Ihres Kunden. Das weist Sie als Branchenkenner und damit als Autorität aus. Wahrgenommene Autoritäten werden immer als glaubwürdig angesehen. Und glaubwürdigen Verkäufern wird auch etwas abgekauft. Arbeiten Sie daher auch in der Argumentationsphase an den unmittelbaren Vorbedingungen, die den Agens-Zustand herbeiführen.

*Wie können Sie Ihr Äußeres mit Autoritätssymbolen ausstatten?*

- *Formulieren Sie einen Begrüßungssatz für Ihren Kunden, der Sie als Autorität auf Ihrem Fachgebiet ausweist.*
- *Überprüfen Sie, ob Ihre Visitenkarte ausreichend mit Titeln versehen ist.*
- *Überlegen Sie sich aktuelle Themen für den Smalltalk, über die Sie mit Ihrem Kunden sprechen können. Diese Themen sollten nichts mit Ihrem Produkt oder Ihrer Dienstleistung zu tun haben, aber Ihren Kunden gerade beschäftigen.*

## Der Kaufschalter „Autorität" in der Argumentationsphase

Die Argumentationsphase wird durch die Bedürfnisanalyse einge-leitet. Mit Hilfe der Bedürfnisanalyse soll der Auswahlkonflikt des Kunden gelöst werden. Fordern Sie den Kunden durch offene Fragen auf, seine Bedürfnisse zu äußern. Sie müssen die Fragen so stellen, dass Ihre Fachkompetenz erkennbar wird, denn nur kompetente Personen sind Autoritäten! Stellen Sie die Fragen nicht nur offen, sondern präzisieren Sie sie auch stets. Machen Sie sich vor den Augen des Kunden handschriftliche Notizen. Si-cherlich, um die Bedürfnisse des Kunden festzuhalten, aber auch, um Ihr kleines Autoritätssymbol – den Füllfederhalter – er-neut zu präsentieren.

Je genauer Sie die Bedürfnisse des Kunden einkreisen, desto besser können Sie ein Produkt oder eine Dienstleistung anbieten, die die Bedürfnisse des Kunden genau befriedigen. Machen Sie bei der Bedürfnisanalyse bereits deutlich, dass Sie Experte auf Ih-rem Gebiet sind. Das geht nur, wenn Sie die richtigen Fragen stellen. Nutzen Sie die **Technik der zweiseitigen Argumen-tation**. Sprechen Sie vermeintliche Nachteile Ihres Unterneh-mens klar und deutlich an.

**Beispiel**

Wenn Sie mit einem Kunden sprechen, dem Sie einen Computer verkaufen möchten und bei dem in der Bedürfnisanalyse zu Tage kam, dass er mehr an der Leistung als an der Optik interessiert ist, dann könnte die zweiseitige Argumentation wie folgt lauten:

*„Ich gebe zu, dass die Produkte der anderen von der Anmutung her deutlich schöner sind als unsere. Beim Design hat unsere Produktentwicklung sicherlich noch einen gewissen Nachholbedarf." („Klick")*

Achten Sie bei dieser Technik immer darauf, dass Sie die Mitbewerberprodukte lediglich in den Aspekten loben, die für den Kunden keine bzw. lediglich eine untergeordnete Rolle spielen. Beachten Sie, dass ein Lob, das Sie für die Konkurrenz aussprechen, immer ein „Klick" in Richtung „glaubwürdig" darstellt! Die Technik der zweiseitigen Argumentation ist ein wesentlicher Bestandteil für das Herbeiführen des Agens-Zustandes. Wenden Sie diese Technik in jedem Verkaufsgespräch an! Die Technik der zweiseitigen Argumentation unterstützt Sie doppelt beim Drücken des Autoritätsschalters. Erstens erscheinen Sie glaubwürdig, und zweitens dient sie als Bindungsfaktor. Die Technik der zweiseitigen Argumentation liefert dem Kunden Argumente für eine Autoritätshörigkeit bzw. für das Festhalten daran.

Untermauern Sie Ihre Autorität weiterhin, indem Sie nach dem Lob des Mitbewerbers nochmals auf die Bedürfnisse des Kunden eingehen und dabei auf den vermeintlichen Nachteil Ihres Produkts zu sprechen kommen. Stellen Sie Ihrem Kunden in autoritärem Stil eine Frage nach dem Nutzen des Konkurrenzproduktes.

**Beispiel**

*„Aber was nutzt Ihnen ein toll aussehender Computer, wenn der Ihre gerade geschilderten Bedürfnisse nicht erfüllen kann?" („Klick")*

Ihr Kunde hat nun drei Möglichkeiten zu antworten:

1. Er antwortet mit einem Ihnen bisher unbekannten Nutzen des Konkurrenzproduktes, den Sie in Form einer Einwandbehandlung entkräften müssen, oder

2. er antwortet gar nicht, da er diese Frage als Suggestivfrage ansieht, oder

3. er antwortet mit: *„Nichts!"*

Gibt Ihnen Ihr Kunde leider Gottes die erste Antwort, können Sie nicht in die Abschlussphase schreiten. Sie müssen weiter für Ihr Produkt werben und den Einwand des Kunden entkräften.

Nutzen Sie die im Schalter „soziale Bewährtheit" kennen gelernten Unternehmensbroschüren. An dieser Stelle ist es wichtig, dass Sie auch unabhängige Berichte und Testergebnisse über Ihre Produkte oder Dienstleistungen zeigen können. Machen Sie gezielt auf die Verfasser aufmerksam. Auch diese können Autoritätspersonen sein, die den Kunden indirekt zu einer Autoritätshörigkeit verleiten.

**Beispiel**

*„Ich habe hier ein unabhängiges Gutachten von Herrn Prof. Dr. Schulz, der unsere Produkte eingehend überprüft hat. Herr Prof. Dr. Schulz ist auf seinem Gebiet eine allgemein anerkannte Koryphäe. Sie können daher sicher sein, dass Sie mit uns als Partner nichts falsch machen." („Klick")*

Denken Sie an die Branchenlösungen des Schalters soziale Bewährtheit! Die obigen Ausführungen bauen darauf auf. Auch haben Sie beim Aktivieren dieses Schalters auf Vergleichsgruppen hingewiesen. Sagen Sie dem Kunden, dass er sich gerne bei den Vergleichsgruppen eine Meinung über Sie und Ihre Produkte einholen kann. Das wirkt ebenfalls glaubwürdig und überzeugend. Jeder Mensch, der so sicher auftritt, stellt eine Autorität auf seinem Gebiet dar. Zeigen Sie dem Kunden, dass Sie von sich und Ihren Beratungen überzeugt sind und sich nicht vor einer Rückversicherung bei bestehenden Kunden scheuen. Wenn Sie alles richtig gemacht haben, wird Ihr Kunde Ihnen Kaufsignale senden, und Sie können die Abschlussphase einleiten.

Doch bevor ich Ihnen zeige, wie Sie den Autoritätsschalter in der Abschlussphase drücken, noch einmal zurück zu unserer Frage:

*„Aber was nutzt Ihnen ein toll aussehender Computer, wenn der Ihre gerade geschilderten Bedürfnisse nicht erfüllen kann?"* (*„Klick"*)

Im zweiten und dritten Fall der Antworten haben Sie den Auswahlkonflikt des Kunden bereits an dieser Stelle zu Gunsten Ihres Unternehmens gelöst! Sie können eine Nichtbeantwortung Ihrer Frage als Zustimmung werten. Ihr Kunde hat innerlich mit *„Nichts!"* geantwortet. Leiten Sie sofort die Abschlussphase ein!

Deshalb sollte es immer Ihr Ziel sein, in der Argumentationsphase die zweite oder dritte Antwort des Kunden herbeizuführen. Die Technik der zweiseitigen Argumentation ist hierfür das geeignete und beste Mittel!

---

**Tipp**

Erhöhen Sie in der Argumentationsphase die Frequenz des Blickkontaktes deutlich. Der Blickkontakt beeinflusst die Kommunikation wesentlich. Häufiger Blickkontakt ist ein Zeichen für Glaubwürdigkeit, wenn er während der verbalen Kommunikation erfolgt. Gleichzeitig aktiviert er den Zuhörer, so dass die Informationen besser verarbeitet werden[96].

---

- *Überlegen Sie sich unbedeutende Nachteile Ihres Produkts oder Ihrer Dienstleistung im Vergleich zu Ihren Mitbewerbern, die Sie für die Technik der zweiseitigen Argumentation nutzen können.*
- *Suchen Sie sich Stellungnahmen von Autoritätspersonen oder Institutionen mit Autorität, die Ihr Produkt oder Ihre Dienstleistung befürworten. Dies können Einzelpersonen oder aber auch TÜV-Berichte und Testergebnisse von Verbraucherschutzverbänden sein.*
- *Überlegen Sie sich Fragen, die der Kunde als Suggestivfrage werten kann, und nutzen Sie die Technik der zweiseitigen Argumentation. Ziel ist es, nach einer Antwort in Ihrem Sinne die Abschlussphase einzuleiten.*

## Der Kaufschalter „Autorität" in der Abschlussphase

Der Kunde ist hier dem Absichtkonflikt ausgesetzt. Er empfindet ein Entscheidungsrisiko. Nehmen Sie Ihrem Kunden die Entscheidung ab. Und das machen Sie am besten über Ihre aufgebaute Autorität. Nutzen Sie den Agens-Zustand und fordern Sie Ihren Kunden gezielt zum Kauf auf! Sie sind bereits sympathisch, den Preis haben Sie über den Reziprozitätsschalter ausgehandelt, und den Schalter „soziale Mehrheit" drücken Sie in der Abschlussphase – wir erinnern uns – wie folgt:

*„Klar, dass ich als Ihr Berater und Mitarbeiter der Name-Ihres-Unternehmens-AG pro domo rede. Aber unabhängig davon, wäre ich nun an Ihrer Stelle, würde ich bei diesen Konditionen sofort zugreifen. Darf ich den Auftrag fertigmachen?" („Klick")*

Wenn Sie den Kauf so herbeiführen, dann nicht unter Verwendung Ihrer Autorität. Um Ihre Autorität und den Agens-Zustand zu nutzen, könnten Sie den Abschluss wie folgt herbeiführen:

*„Klar, dass ich als Ihr Berater pro domo rede. Aber unabhängig davon würde ich an Ihrer Stelle sofort zugreifen. Eine bessere Lösung für Ihre Bedürfnisse können Sie wirklich nicht bekommen. Da ich viele Produkte und Dienstleistungen unserer Mitbewerber kenne und auch den einen oder anderen Kunden, der sich zu-*

*nächst für den Wettbewerb entschieden hat, weiß ich, dass genau die Kunden, die sich für die Konkurrenz entschieden haben, früher oder später auf uns zurückkommen. Gehen Sie diesen Umweg nicht!"*

Kurze Pause, dann etwas lauter und mit Blickkontakt:

*„Ich empfehle Ihnen, direkt mit uns zusammenzuarbeiten! Oder gibt es noch einen Grund für Sie, der Sie davon abhält?"* *(„Klick")*

Bedenken Sie, dass Sie sich in der Abschlussphase befinden. Sie haben alle Einwände des Kunden behandelt. So sollte es zumindest sein. Gibt Ihnen Ihr Kunde nun doch noch einen Einwand, rutschen Sie sich wieder in die Argumentationsphase zurück. Dann sind Sie wohl etwas zu forsch an die Sache herangegangen. Aber bei einer guten und ausführlichen Durchführung der Argumentationsphase sollte die Antwort des Kunden eigentlich „Nein" lauten. Oder sehen Sie das anders? Nein? Gut, dann kommen wir nun zu Ihrem letzten Autoritätsklick:

*„Dann unterschreiben Sie bitte hier!"* mit Blickkontakt und Fingerzeig auf die Stelle, wo die Unterschrift des Kunden hingehört. („Klick")

Probieren Sie es aus! Denken Sie daran: Sie sind Autorität! Sie werden auch die Unterschrift des Kunden bekommen – wenn Sie sich richtig als Autorität dargestellt haben. Geben Sie dem Kunden im richtigen Moment den entscheidenden Ruck! Aber schreien Sie ihn bitte nicht an. Wenn ich Ihnen sage, dass Sie etwas lauter werden sollen, dann nur soweit, dass man einen leichten Unterschied in der Lautstärke vernehmen kann.

Vielen Verkäufern fehlt einfach der Mut, eine solche Aussage in Form eines Befehls zu tätigen. Sie müssen aber irgendwann einmal konkret werden. Wenn Sie das nicht tun, dann werden Sie immer im Durchschnitt bleiben. Und dieses Buch ist nichts für Vermeider!

Hand aufs Herz: Wie oft ist es Ihnen passiert, dass Sie sich nicht getraut haben, Ihrem Kunden die Anweisung zum „Kaufen" zu geben, und Sie sich mit dem Spruch *„Schlafen Sie noch einmal drüber!"* aus der Affäre gezogen haben? In diesem Moment dachten Sie vielleicht noch, dass Sie ein ganz toller Verkäufer sind. Aber Sie haben den Kunden ganz klar in seiner Konfliktsituation alleine gelassen und sind Ihrer Rolle als Konfliktlöser nicht nachgekommen! In den meisten dieser Fälle werden Sie telefonisch nachgefasst haben und die Antwort des Kunden lautete: *„Ich bin noch nicht dazu gekommen, mich noch einmal damit zu beschäftigen. Ich melde mich bei Ihnen!"*

Hoppla, auf einmal ist Ihr Kunde ja nun wieder die Autorität. Nun sind Sie zum Bittsteller avanciert. Also in der Rangordnung ganz unten. Ihr Kunde gibt Ihnen mit seiner Antwort auf Ihr Nachfassen indirekt die Anweisung: *„Rufen Sie mich nicht an, ich rufe Sie an!"* Er hat den Kaufentscheidungskonflikt einfach dahingehend gelöst, dass er Sie vergessen will. Die wenigsten Kunden, die Ihnen diesen Satz gesagt haben, melden sich dann auch tatsächlich, und Ihr Agens-Zustand verbietet es Ihnen, der Anweisung des Kunden nicht zu folgen. Sie wollen ja schließlich nicht nerven. Lieber hoffen Sie noch ein paar Tage oder gar Wochen auf einen Anruf, der nie kommen wird. Irgendwann haben auch Sie die Sache über Ihrem Tagesgeschäft vergessen. Nur, dass Ihr Vergessensprozess etwas länger dauert als der des Kunden. Ihr anfänglich angebahnter und erhoffter Verkauf wird im Sande verlaufen. Ganz sicher. Kommt Ihnen das bekannt vor? Also trauen Sie sich, verdammt noch mal!

Nutzen Sie das Verkaufsgespräch, in dem Sie sich gerade befinden, um eine Entscheidung des Kunden herbeizuführen. Nageln Sie den Kunden fest. Fordern Sie eine klare Entscheidung ein. Selbst wenn Ihr Kunde *„noch einmal drüber schlafen möchte",* dann sagen Sie höflich, aber bestimmt:

*„Gut, das kann ich absolut verstehen. Ich werde mich morgen noch einmal mit Ihnen in Verbindung setzen. Ich finde es fair, wenn Sie mir zu diesem Zeitpunkt ein klares „Ja" oder „Nein" nennen. Sie haben gemerkt, dass ich ein kompetenter Ansprechpartner bin und unser Produkt Ihre Bedürfnisse befriedigen kann. Ich möchte Sie daher bitten, mir morgen eine klare Entscheidung zu nennen, damit wir beide unsere Zusammenkunft gut abschließen können." („Klick")*

Seien Sie sicher, Ihr Kunde wird Ihnen am nächsten Tag eine Entscheidung liefern. Auch bei Ihrem Nachfassen sind Sie immer noch Autorität und nicht Bittsteller. Der Kunde hat ja schließlich mit Ihnen vereinbart, dass Sie mit ihm in Kontakt treten. Wenn

Sie gut beraten und beeinflusst haben, dann wird diese Entscheidung auch positiv für Sie ausfallen.

Und wenn Sie trotz aller meiner Ausführungen immer noch Zweifel hegen, dann nutzen Sie den nächsten und letzten Kaufschalter „Konsistenz". Dieser Schalter führt jeden Kunden an das Ziel „Kaufen"!

## Übung

- *Formulieren Sie bestimmende Abschlusssätze, die Ihren Kunden dazu veranlassen, Ihnen seine Kaufentscheidung mitzuteilen.*
- *Überlegen Sie sich Abschlusssätze, die Ihrem Kunden die Begründung geben, warum Sie eine Entscheidung von ihm hören wollen.*

# 6.4 Zusammenfassung

| Kaufschalter Autorität ... | ... in der Gesprächs- eröffnungsphase | ... in der Argumentations- phase | ... in der Abschlussphase |
|---|---|---|---|
| Eine typische menschliche Verhaltensweise ist es, den Anordnungen von Autoritätspersonen Folge zu leisten. Das Nutzen von Autoritätssymbolen kann das „Klick" zum „Kaufen" auslösen. | Vermeiden Sie Termine beim Kunden.<br><br>Weisen Sie sich dem Kunden gegen- über als Autorität aus. Nutzen Sie hierfür Autoritäts- symbole, Ihre Visitenkarte und Ihre Branchenkenntnisse. | Nutzen Sie die Technik der zweiseitigen Argumentation.<br><br>Verweisen Sie Ihren Kunden auf unabhängige Autoritätspersonen.<br><br>Seien Sie selbst- bewusst und schauen Sie Ihrem Kunden in die Augen. | Seien Sie bestimmt und fordern Sie vom Kunden eine Kaufentscheidung ein. |

# 7. Kaufschalter „Konsistenz": Einmal und immer wieder

Ein wesentlicher Schalter, um beim Menschen den „Klick-Spul-Effekt" auszulösen, ist das **Konsistenzprinzip**. Konsistentes Verhalten bedeutet, Standpunkte konsequent nach innen und außen zu vertreten, auf die man sich einmal öffentlich festgelegt hat. Das Konsistenzprinzip besagt, dass der menschliche Hang zur Konsistenz (zum Beharren auf einem Standpunkt) so stark ist, dass er Personen dazu bringt, Dinge zu tun, die sie ansonsten nicht tun würden. Für Verkäufer bedeutet das: Wenn Sie Ihren Kunden dazu bewegen können, einen ersten Schritt in Richtung Kauf zu tun, dann wird er gemäß dem Konsistenzprinzip diesen Weg auch weitergehen. Wie das genau funktioniert und was Sie dazu tun müssen, erfahren Sie in diesem Kapitel.

## 7.1 Die Suche nach der inneren Ausgeglichenheit

### Einmal Raucher immer Raucher?

Um dieses Phänomen zu erklären, betrachten wir einmal einen typischen Raucher. Ein Raucher ist sich sehr wohl der Gesundheitsschädigung bewusst, die er sich durch das Rauchen einer Zigarette zufügt. Dieses Bewusstsein führt zu einem Gefühl der Unbehaglichkeit. Vielleicht sind Sie ja selbst Raucher und kennen das. Sie können es sich ganz einfach verdeutlichen, indem Sie sich jetzt eine Zigarette anzünden und sich gleichzeitig das Bild eines Raucherbeins vorstellen.

Fühlen Sie sich nun wohl beim Inhalieren des Zigarettenrauchs? Ich denke nicht! Dennoch werden Sie das Rauchen nicht aufgrund dieser Ausführungen aufgeben. Sie werden vielmehr versuchen, das Bild des Raucherbeins wieder aus Ihrem Kopf zu streichen, und sich eher positive Attribute einer Zigarette wie

Entspannung, Beruhigung und Geselligkeit als Argumente für das Rauchen verinnerlichen[97].

In diesem Moment macht der rauchende Leser nichts anderes, als nach einer Harmonie in seinem Inneren zu streben. Das Innere eines Menschen wird geprägt durch Meinungen, Kenntnisse und Wertvorstellungen, die das äußere Verhalten von Menschen bestimmen. Woher kommt aber das Streben nach einer Harmonie von Meinungen, Kenntnissen und Wertvorstellungen?

Der Mensch ist versucht, alle seine Handlungen im Nachgang auf Richtigkeit zu überprüfen und sich nochmals zu bestätigen. Ein Konsument, der sich gerade für den Kauf eines Produkts entschlossen und den Kaufvertrag unterzeichnet hat, wird bei einer größeren Investition diesen inneren Prozess nach dem Kauf durchlaufen. Wird ihm kurz nach der Unterzeichnung des Kaufvertrages klar, dass das Produkt in einem bestimmten Punkt nicht seine Anforderungen erfüllt, führt dies zu einer inneren Disharmonie. Solche Disharmonien werden als unangenehm empfunden, was dazu motiviert, die Harmonie wiederherzustellen. Der Konsument wird deshalb versuchen, den positiven Attributen des Produktes eine höhere Bedeutung beizumessen als dem einen negativen. Gelingt ihm dies, ist ein Umtausch bzw. Rücktritt vom Kaufvertrag unwahrscheinlich. Die Disharmonie „Fehlkauf" existiert nicht mehr in seinem Bewusstsein.

Im Fall des Rauchers wird die Konsistenz – also die innere Harmonie von Meinungen, Kenntnissen und Wertvorstellungen – wiederhergestellt, indem er das negative Bild des Raucherbeins vor seinem geistigen Auge durchstreicht und sich die positiven Aspekte einer Zigarette deutlich macht. Mit anderen Worten: Er selektiert die ausschließlich positiven Informationen, was letztendlich zu einer inneren Ausgeglichenheit führt[98].

Nicht nur in unserem Inneren empfinden wir Konsistenz als angenehm. Auch in unserer Gesellschaft wird Konsistenz als eine wünschenswerte Persönlichkeitseigenschaft angesehen. Sie verhilft zu einem widerspruchsfreien äußeren Persönlichkeitsbild. Konsistentes Verhalten wird von Mitmenschen als logisch, stabil und ehrlich wahrgenommen[99]. Vergegenwärtigen Sie sich bitte einmal den erfolgreichen und unablässig nach Gewinn strebenden Manager in der Marktwirtschaft, der in seiner Freizeit die marxistischen Lehren predigt. Dies ist sicher kein konsistentes Verhalten und würde bei seinen Mitmenschen auch nicht als logisch, stabil und ehrlich angesehen werden.

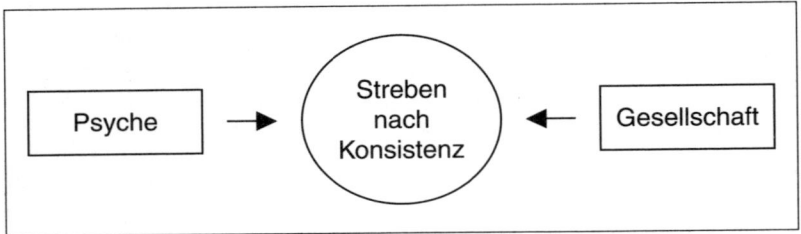

*Abbildung 6: Faktoren für das Streben nach Konsistenz,*
*Quelle: eigene Darstellung*

Das Streben des Menschen nach Konsistenz ist demnach auf zwei Faktoren zurückzuführen. Erstens auf den Faktor Psyche – wir erinnern uns an den Raucher, der nach einer inneren Ausgeglichenheit strebt und die negativen Aspekte einer Zigarette aus dem Gedächtnis streicht, sowie an den Konsumenten, der ebenfalls nach einer inneren Ausgeglichenheit strebt und den positiven Attributen des Produktes eine höhere Bedeutung beimisst als dem einen negativen. Zweitens rührt dieses Streben vom Einfluss der Gesellschaft her. Das Streben nach Konsistenz wird von unseren Mitmenschen gefordert, denn diese erwarten ein widerspruchsfreies äußeres Persönlichkeitsbild von uns[100]. Aber wie wird ein widerspruchsfreies äußeres Persönlichkeitsbild bei Ihren Mitmenschen erzeugt?

Ihre Mitmenschen gehen davon aus, dass Ihre Handlung durch eine bestimmte stabile Eigenschaft verursacht wurde. Sie unterstellen Ihnen bei Ihrer Handlung eine Absicht, und diese Absicht ist auf eine Ihrer Persönlichkeitseigenschaften zurückzuführen. Ein Beispiel: Sie spenden bei einer Haustürsammlung zum ersten Mal für eine Wohltätigkeitsorganisation. Ihre Mitmenschen unterstellen Ihnen eine großzügige Absicht, die auf Ihre stabile Persönlichkeitseigenschaft „Großzügigkeit" zurückzuführen ist[101].

Gleichzeitig werden Sie sich als Spender innerlich Argumente für Ihre Großzügigkeit suchen (Faktor Psyche). Ihr Inneres wird durch diese Argumente so umgebaut, dass es mit dieser Handlung übereinstimmt und eine innere Harmonie entsteht. Sie werden sich selbst als eine Person mit einer sozialen Gesinnung sehen – eben als Wohltäter. Durch Ihre Spende haben Sie aber auch der Öffentlichkeit vermittelt, dass Sie eine großzügige Person sind, wenn Ihre soziale Gesinnung angesprochen wird. Bei einer erneuten Spendenanfrage wird dementsprechend konsistentes Verhalten in der Form von außen (Faktor Gesellschaft) erwartet, als dass es erneut zu einer Spende kommt. Die Wahrscheinlichkeit, dass Sie einer weiteren Spende zustimmen, ist größer als bei der allerersten Spendenanfrage! Sie wollen ja nicht Ihr gerade aufgebautes äußeres Persönlichkeitsbild als großzügige Person bei Ihren Mitmenschen trüben. Auch Ihr soeben aufgebautes harmonisches Selbstbild als Wohltäter erhöht den inneren Druck, nochmals zu spenden. Die erneute Spendenanfrage führt zu dem „Klick", welcher wiederum das Konsistenzband zur zweiten Spende „abspult".

Wenn ein Mensch sich öffentlich auf bestimmte Standpunkte festlegt, hat dies einen erheblichen Einfluss auf sein Selbstbild. Der Faktor Psyche bringt das Selbstbild in Einklang mit der Handlung. Der Faktor Gesellschaft führt zu einer Tendenz, das Selbstbild der Sicht anzupassen, die andere von dem Menschen haben[102].

---

## Das Konsistenzprinzip

Ein einmaliges öffentliches Festlegen auf einen Standpunkt führt dazu, dass man sich grundsätzlich entsprechend diesem Standpunkt (also „konsistent") verhält. Dies ist natürlich abhängig von der Intensität, mit der man sich in der Öffentlichkeit auf diesen Standpunkt festgelegt hat. Je nachdrücklicher man eine Meinung nach außen vertritt, desto mehr sucht man in seinem Innern nach Argumenten für diese Meinung. Gleichzeitig wird der Druck von außen durch die Mitmenschen größer, diese Meinung auch weiterhin zu vertreten. Die Wahrscheinlichkeit für eine dem öffentlich festgelegten Standpunkt entsprechende konsistente Handlung – den „Klick-Spul-Effekt" bei Konsistenz – ist entsprechend groß.

---

Diesen Mechanismus nutzen auch Verhaltenstrainer, die in Seminaren den Teilnehmern Wege aufzeigen, wie man sich das Rauchen abgewöhnt. Sie empfehlen den Rauchern, allen Mitmenschen in ihrem Umfeld mitzuteilen, dass sie das Rauchen aufgegeben haben. Der Raucher legt sich daher öffentlich auf den Standpunkt fest, dass er nicht mehr zu den Rauchern gehört. Vor seinem geistigen Auge wird aufgrund dieser gesellschaftlichen Forderung beim Anzünden seiner Zigarette eher das Bild des Raucherbeins aufscheinen, als dass er sich die Attribute Entspannung, Beruhigung und Geselligkeit verinnerlicht. Denn welcher Raucher kennt sie nicht, die enttäuschten Gesichter der Verwandten, Bekannten und Kollegen, wenn man sich als bekennender, mit guten Vorsätzen behafteter Nichtraucher in aller Öffentlichkeit wieder eine Zigarette ansteckt. Und das versucht natürlich jeder Raucher zu vermeiden.

Das Bild, das die Gesellschaft von jemandem hat, ist maßgeblich für das Selbstbild im Inneren eines Menschen verantwortlich. Aber nicht nur Verhaltenstrainer versuchen so, ihren Kunden das Rauchen abzugewöhnen. Auch Beeinflussungstechniken im Verkauf nutzen das Konsistenzprinzip. Die wohl bedeutendste ist die **Fuß-in-der-Tür-Technik**. Mit einer anfänglichen kleinen Bitte soll bei dieser Beeinflussungstechnik eine damit zusammenhängende größere Bitte bzw. Forderung durchgesetzt werden. Wird der kleinen Bitte nachgekommen, so hat man sich auf einen, diese Bitte betreffenden Standpunkt festgelegt („Klick"). Das eröffnet die Möglichkeit, das menschliche Streben nach Konsistenz zu nutzen, um eine größere Bitte anzubringen („Spul")[103]. Diese Technik kann in vielen Bereichen angewandt werden.

## 7.2 Die Macht der Beeinflussung oder Puppenspieler und ihre Marionetten

In einem Experiment konnten Besitzer von spießig gepflegten Einfamilienhäusern dazu gebracht werden, ein überdimensionales, absolut unattraktives Schild mit der Aufschrift „Augen auf im Straßenverkehr!" völlig freiwillig in ihrem Vorgarten aufzustellen. Die Personen wurden durch vermeintlich ehrenamtliche Helfer vorab gebeten, ein Bürgerbegehren „Kalifornien soll schöner werden" zu unterschreiben. Die Unterschrift führte zu einer Änderung des Selbstbildes („Klick"). Die Personen sahen sich dadurch als Personen mit Gemeinsinn, die aus ihrer staatsbürgerlichen Verantwortung heraus handeln, so dass das spätere Aufstellen der Schilder ein konsistentes Handeln ergab („Spul") und sie dieser Bitte sofort Folge leisteten.

Auch im Handel findet man sehr häufig Fuß-in-der-Tür-Techniker. Diese Händler versuchen, Nichtkunden zu einem kleinen Kauf zu bewegen. Damit soll erreicht werden, dass diese Nichtkunden zu Kunden werden, auch wenn sich der Aufwand des Händlers für den Verkauf des kleinen Artikels zunächst nicht lohnt. Sieht sich eine Person jedoch erst einmal als Kunde („Klick"), ist es leichter, diesen Kunden von weiteren Käufen zu überzeugen („Spul").

Aber auch große Unternehmen wenden die Methode der Fuß-in-der-Tür-Technik überaus erfolgreich an. Einige Firmen erzeugen positive Festlegungen oder Bindungen zu einem Produkt, indem sie Personen durch Wettbewerbe dazu animieren, einfallsreiche Werbeslogans zu erfinden. Durch das Ausfüllen der Teilnahmekarten und die Nennung eines Werbeslogans hat sich die Person öffentlich auf einen Standpunkt festgelegt, der das Unternehmen als positiv beschreibt („Klick"). Der Teilnehmer wird nun in Folge des Konsistenzprinzips weitere positive innere Argumente für das Unternehmen bzw. Produkt bilden („Spul"). Mit dieser Methode kann außerdem ein Einstellungswandel erreicht werden, da durch das Erfinden des Slogans bei vorher negativ eingestellten Personen eine innere Disharmonie entsteht. Diese kann nur durch Korrektur der vorherigen Einstellung zu Harmonie umgewandelt werden[104].

# Die Geschichte vom Klügeren – Teil 1

Festlegungen auf bestimmte Standpunkte wirken insofern nachhaltig für eine breite Vielfalt von verwandten Sachlagen. Durch das Konsistenzmotiv werden die einmal getätigten Bindungen an Standpunkte so verinnerlicht, dass weitere zusätzliche Argumente geschaffen werden, die die zuvor getroffene Entscheidung untermauern[105].

Die Entscheidungen bleiben auch dann fortbestehen, wenn das Argument, das zu der Entscheidung geführt hat, nicht mehr gültig ist. Mit anderen Worten: Das Konsistenzmotiv ist so einschlagend, dass lediglich die öffentliche Festlegung ein konsistentes Verhalten auslöst („Klick"). Der Grund, der ursprünglich für diese öffentliche Festlegung gesorgt hat, spielt eher eine untergeordnete Rolle. Auch wenn sich dieser gegebenenfalls als unrichtig herausstellt, wird weiterhin ein konsistentes Verhalten angestrebt („Spul"). Ein extremes Beispiel hierfür ist die im Volksmund übliche Aussage „Der Klügere gibt nach!". Auch Sie werden schon irgendwann einmal einen Streit oder eine Diskussion mit diesen Worten beendet haben. Aber was denkt ein Mensch, der diesen Ausspruch macht? Seien wir ehrlich: Der „Klügere" fühlt sich weiterhin im Recht, kann aber sein Gegenüber auch mit den besten Argumenten nicht überzeugen. Auch wenn er alle Punkte des Diskussionsgegners exzellent widerlegt hat. Er trifft auf eine Mauer von Sturheit – oder anders formuliert: Er trifft auf eine Mauer von Konsistenz! Der „Konsistente" will einfach nicht von seinem Standpunkt abweichen, obwohl sich der Grund für seinen zuvor öffentlich geäußerten Standpunkt längst durch Gegenargumente in Rauch aufgelöst hat.

Im Folgenden erfahren Sie, wie man den Konsistenzschalter in den verschiedenen Phasen des Verkaufsgesprächs geschickt drückt und so das Bewusstsein des Kunden auf „Kauf" schaltet.

## 7.3 Der Kaufschalter „Konsistenz" im Verkaufsgespräch

*„Komm, Kunde. Putt, putt putt."*

## Der Diebstahl von Beratungsleistungen

Als Versicherungs- und Finanzberater im Personenversicherungs-geschäft möchte ich Ihnen von einem Interessenten erzählen, der von mir die beste Beratung erhalten hat, die er je bekommen konnte.

Hintergrund unserer Terminvereinbarung war eine E-Mail-Anfrage des Kunden, die wie folgt lautete: „Hallo Herr Prack, Sie sind eine Fachagentur für die private Krankenversicherung. Ich möchte Sie um einen Termin bitten, da ich mit dem Gedanken spiele, mich privat zu versichern, mir fehlen hierzu jedoch noch einige Infor-mationen." Ich ließ mich nicht lange bitten und vereinbarte umge-hend einen Termin mit dem Interessenten zum Thema private Krankenversicherung. Verkäufer, die auf diesem Gebiet unter-wegs sind, wissen, was für eine komplexe Thematik hinter der Materie der privaten Krankenversicherung steht.

Mein Kunde war sehr wissensdurstig, und so wurden sämtliche Punkte, die mit der privaten Krankenversicherung einhergehen, ausführlichst angesprochen, und er hielt meine Erläuterungen stichpunktartig fest. Ich informierte ihn über die Unterschiede zwischen den Systemen der gesetzlichen und der privaten Krankenversicherung, gab ihm einen Überblick über die anstehende Gesundheitsreform mit all ihren Facetten sowie über die verschiedenen Tarife, die ich ihm in der privaten Krankenversicherung anbieten konnte.

Lange Rede, kurzer Sinn: Keine Frage des Kunden blieb unbeantwortet. Er machte nach unserem Gespräch einen sehr zufriedenen und gut informierten Eindruck. Auch ich war sehr zufrieden, da der Kunde mir bestätigte, dass er selten eine so kompetente Beratung erhalten habe. Allerdings bat er um eine Bedenkzeit vor seiner endgültigen Entscheidung. Also vertagten wir uns auf die folgende Woche.

Als ich dann eine Woche später telefonisch nachfasste, war ich mir im Vorfeld des Telefonats sicher, dass ein Termin zum Abschluss vereinbart werden würde. Der Interessent sagte auch: „Ach, hallo Herr Prack! Sie rufen wegen der privaten Krankenversicherung an." Ich war begeistert. Es schien, als habe er auf meinen Anruf gewartet. „Zunächst möchte ich Ihnen nochmals sagen, wie sehr mir Ihre Beratung gefallen hat. Ich habe selten eine bessere und kompetentere Beratung erlebt! Ich habe mich tatsächlich aufgrund Ihrer Informationen für die private Krankenversicherung entschieden!" In mir kam Freude über einen sicheren Abschluss auf – jeder Verkäufer kennt dieses Gefühl. „Das freut mich!", sagte ich im Überschwang der Begeisterung. „Wann darf ich noch einmal zu Ihnen kommen, damit wir den Antrag unterzeichnen?" „Ja, ähm, also ..." Der Kunde stockte – mir schwante Böses! Und dann sagte dieser Mensch doch tatsächlich: „Nach unserem Gespräch bin ich noch einmal ins Internet gegangen und habe mir einen Vergleich zwischen den verschiedenen privaten Anbietern herausgesucht. Dort habe ich einen Anbieter gefunden, der etwas billiger ist als Ihr Unternehmen. Für dieses Unternehmen habe ich mich jetzt auch entschieden. Bitte verstehen Sie mich nicht falsch, meine Entscheidung hat ganz und gar nichts mit Ihnen zu tun."

Was war passiert? Wie konnte er mir so etwas sagen, wo er doch wusste, dass er meine Beratungsleistung ohne einen Gegenwert in Anspruch genommen hatte? Jeder halbwegs im Leben stehende Mensch weiß, dass Versicherungsvertreter ihr Einkommen durch Abschlüsse in Form von Provisionen erzielen. Er gab auch noch offen zu, mir mein Wissen geklaut zu haben. Von seinem Lob bezahlt sich jedoch mein Kostenapparat nicht, mein Kühlschrank füllt sich dadurch ebenso wenig, und mein Auto fährt auch nicht mit Wasser!

Ich bin mir sicher, auch Ihnen als Verkäufer wurden schon einmal Beratungsleistungen auf diese Weise geklaut! Ich kann Ihnen sagen, was wir in solchen Situationen falsch gemacht haben und warum wir diese Diebstähle unseres Know-hows direkt vor unseren Augen zugelassen haben: Wir haben den Konsistenzschalter nicht gedrückt und damit nicht den „Klick-Spul-Effekt" ausgelöst!

## Der Kaufschalter „Konsistenz" in der Gesprächseröffnungsphase

Der von mir beschriebene Kunde war in unserem Gespräch nicht dem Absichtskonflikt ausgesetzt. Ganz im Gegenteil, er hatte ihn im Vorfeld bereits gelöst, indem er sich vorgenommen hatte, an diesem Tag nicht zu kaufen, sondern nach einer Beratung vielmehr nochmals Preise zu vergleichen. Zwei einfache geschlossene Fragen zu Beginn des Gesprächs hätten den Diebstahl unserer Beratungsleistungen verhindert und den Absichtskonflikt des Kunden erneut aufflammen lassen. Zunächst wäre eine zusammenfassende Fragestellung notwendig gewesen, die ausschließlich die Antwort „Ja" herbeiführen kann.

### Beispiel

1. Sie: „Sie haben mit mir Kontakt aufgenommen, weil Sie darüber nachdenken, eine private Krankenversicherung abzuschließen. Hier fehlen Ihnen für Ihre Entscheidung jedoch noch einige Informationen, die ich Ihnen als Spezialist geben soll. Ist das richtig?"

Kunde: „Ja!"

*2. Sie: „Kann ich davon ausgehen, dass Sie mit mir als Spezia-
listen zusammenarbeiten werden, wenn meine Beratung
Sie von der privaten Krankenversicherung überzeugt?"*

Die einzig mögliche Antwort, um eine fundierte Beratung zu erhalten, ist an dieser Stelle ein „Ja!" („Klick").

Durch diese Frage haben wir den Grundstein für das Konsistenzprinzip gelegt. Der Kunde hat sich gerade auf einen bestimmten
Standpunkt uns gegenüber festgelegt. Dieser Standpunkt besagt, dass er mit uns bzw. mit unserem Produktgeber zusammenarbeitet, sofern er sich aufgrund unserer Beratung für die private Krankenversicherung entscheidet.

Was geht nun im Kopf des Kunden vor? Sollte er sich im Vorfeld
überlegt haben, dass er nach unserem Gespräch noch einen
Preisvergleich im Internet startet, und versichert er uns nun entgegen dieser Absicht, dass er mit uns zusammenarbeitet, dann
befindet sich seine Psyche in einem Zustand der Disharmonie. Er
wird sich Argumente suchen, die die öffentliche Festlegung auf
seinen Standpunkt – die Zusammenarbeit mit uns – bestätigen.
Gleichzeitig erzeugen wir als sein Gesprächspartner Druck. Jeder
Mensch ist ja bestrebt, ein logisches, stabiles und ehrliches Verhalten seinen Mitmenschen gegenüber an den Tag zu legen. Wir
erwarten ein konsistentes Verhalten in der Form, dass er mit uns
zusammenarbeiten wird, was eine private Krankenversicherung
angeht. Die Argumentationssuche des Kunden für einen Abschluss bei uns bzw. bei unserem Unternehmen beginnt zu laufen („Spul"). Sein Absichtskonflikt ist gelöst!

Zu Beginn eines jeden Verkaufsgesprächs müssen Sie daher
unbedingt immer kurz den Grund Ihrer Zusammenkunft in Form
einer geschlossenen Frage formulieren, die der Kunde mit „Ja"
beantwortet, und im Anschluss daran die Bereitschaft zur Zusammenarbeit mit Ihnen abfragen. Wenn Sie so vorgehen, versichere
ich Ihnen, dass Sie nie wieder einem Beratungsleistungsdieb
zum Opfer fallen! Auch mir wurde keine einzige Beratungsleistung mehr geklaut, seit ich diese Sicherheitstechnik anwende.

- Fassen Sie für eines Ihrer Kundengespräche kurz den Grund Ihres Treffens in Form einer geschlossenen Frage zusammen, die der Kunde mit „Ja" beantwortet.
- Fragen Sie die Bereitschaft zur Zusammenarbeit ab.

## Der Kaufschalter „Konsistenz" in der Argumentationsphase

In der Argumentationsphase des Verkaufsgesprächs müssen Sie die zuvor geäußerten Kundenbedürfnisse immer berücksichtigen. Lassen Sie sich die Bedürfnisse durch offene Fragen stets vom Kunden wiederholen. Er wird so an seine Standpunkte gebunden („Klick"). Im Anschluss daran fassen Sie seine Bedürfnisse zusammen und verknüpfen sie mit einer konkreten Kaufvorgabe.

### Beispiel

Sie: „Sie suchen ein Produkt mit diesen und jenen Eigenschaften. Ist das richtig?"

Kunde: „Ja." („Klick")

Sie: „Unser Produkt erfüllt alle Ihre Anforderungen. Es hat diese und jene Ausstattung. Sie sollten jetzt zuschlagen, da unser Produkt absolut Ihren Bedürfnissen entspricht!".

Wenn der Kunde sich fest vorgenommen hat, heute partout nicht zu kaufen, lösen Sie mit der Kaufempfehlung wieder eine Disharmonie aus („Klick"). Das Wissen über ein vorhandenes Bedürfnis und eine sofort mögliche Bedürfnisbefriedigung steht im Widerspruch zu der inneren Vorgabe, heute noch nicht zu kaufen. Diese Disharmonie empfindet er als unangenehm, und daher sucht er nun nach Argumenten für oder gegen eine sofortige Bedürfnisbefriedigung („Spul"). Da Sie aber in Ihrer Zusammenfassung seiner Bedürfnisse bereits Argumente – alle Kundenbedürfnisse werden durch Ihr Produkt befriedigt – für einen Kauf mitgeliefert haben, konnten Sie sein Streben nach Konsistenz schon in Richtung Kaufabschluss lenken und die Abschlussphase einleiten.

## Übung

- *Formulieren Sie für eines Ihrer Kundengespräche beispielhaft offene Fragen, die den Kunden seine Bedürfnisse wiederholen lassen.*

Nicht immer können jedoch alle Anforderungen des Kunden – wie oben beschrieben – befriedigt werden. Besonders skrupellose Verkäufer wenden dann eine äußerst hinterhältige Form der Fuß-in-der-Tür-Technik an: **die Köder-Technik**! Sie soll hier der Vollständigkeit halber kurz beschrieben werden.

### Vorsicht: Hier werden Kunden geködert oder die Geschichte vom Klügeren – Teil 2

Der fragwürdige Typ Verkäufer, der die Köder-Technik nutzt, belügt seine Kunden! Bei der Köder-Technik wird ein Kunde durch ein besonders günstiges Angebot auf ein Produkt aufmerksam gemacht, aufgrund dessen er sich für den Kauf entscheidet. Er wird geködert. Anschließend zählt der Verkäufer weitere Vorteile des Produkts auf und lässt den Kunden unter Umständen eigene Erfahrungen mit dem Produkt machen. Bevor es zum Verkaufsabschluss kommt, nimmt der Verkäufer das günstige Angebot unerwartet zurück. Mit anderen Worten: Der Kunde wird zunächst mit einer Lüge zum Kauf animiert („Klick"), die kurz vor dem Abschluss wieder richtiggestellt wird. Da der Kunde inzwischen selbst innerlich viele weitere positive Argumente gefunden hat, kauft er das Produkt trotz veränderter Ausgangsbedingungen („Spul")[106]. Die Köder-Technik funktioniert nicht nur, wenn nachträglich ein positiver Aspekt vermindert wird, sondern auch dann, wenn nachträglich ein negativer Aspekt eingeflochten wird[107].

Wir erinnern uns an den Spruch des Volksmunds: „Der Klügere gibt nach!" Der Nutzer der Köder-Technik verleitet den Kunden durch eine Lüge, sich auf den Standpunkt „Kaufen" festzulegen („Klick"). Aufgrund des Konsistenzmotivs wird der Kunde nun weiterhin diesen Standpunkt vertreten („Spul") – und das, obwohl die Lüge bereits durch den Verkäufer korrigiert wurde und sich der eigentliche Grund bzw. das erste Argument für einen Kauf in Rauch aufgelöst hat. Der Anwender der Ködertechnik ist vor diesem Hintergrund der „Klügere" und der Käufer der „Sture" bzw. der auf Kauf geschaltete „Konsistente".

In einem Verkaufsgespräch wird die Köder-Technik direkt zu Beginn der Argumentationsphase eingeleitet. Wir wissen anhand des Anfang-Ende-Effekts, dass neben den am Ende aufgeführten Argumenten auch die zu Beginn der Argumentationsphase genannten Informationen besonders gut vom Kunden behalten und besonders kritisch beleuchtet werden. Der Köder wird daher direkt nach der Gesprächseröffnungsphase ausgeworfen. Wir erinnern uns: Köderinformationen sind Produktinformationen, die gegen kritische Beleuchtungen resistent sind, da es sich dabei um Argumente handelt, die im hohen Maße für ein Produkt sprechen. Und noch einmal: Die Köderinformation ist eine klare Lüge!

Als Köderinformationen werden von diesen Verkäufern etwa ein überhöhter Rabatt, eine Lieferung frei Haus oder auch eine überdurchschnittlich hohe Inzahlungnahme des Altgerätes herangezogen. Sie glauben gar nicht, wie hoch das Ausmaß an Kreativität bei den Köder-Technikern ist, wenn es darum geht, sich einen Bären für den Kunden auszudenken, der diesem dann später aufgebunden wird.

Die Köder-Technik stellt besonders hohe Anforderungen an die Verkäufer. Sie locken ihren Kunden durch eine bewusste Falschinformation. Diese Information müssen sie ihrem Kunden glaubwürdig vermitteln. Diese Köder-Techniker sind überzeugend; sie schauen ihrem Kunden in die Augen, während sie lügen.

Hat der Kunde erst einmal den Köder geschluckt, verinnerlicht und sich dadurch für einen Kauf entschieden („Klick"), wird nicht sofort die Abschlussphase eingeleitet. Der Verkauf wäre sonst aufgrund einer Vorspiegelung falscher Tatsachen zustande gekommen. Der Köder-Techniker muss vor dem Abschluss noch den Köder einholen – er muss seine Lüge später wieder korrigieren. Der Kunde weiß jedoch an dieser Stelle noch nichts von seinem Glück. Er hat sich aufgrund des Köders bereits für den Kauf entschieden. Er wird sich infolge des Konsistenzmotivs im weiteren Gesprächsverlauf zusätzliche Argumente suchen, die die Kaufabsicht bestätigen („Spul"). Jetzt ist die Mithilfe des Köder-

Technikers bei der Suche des Kunden nach weiteren Argumenten gefragt. Er bietet Hilfestellung, indem er explizit Produkt- bzw. Dienstleistungseigenschaften nennt, die die zuvor geäußerten Bedürfnisse des Kunden befriedigen. Er überschüttet den Kunden förmlich mit allen erdenklichen positiven Produkteigenschaften und Argumenten, die neben der Köderinformation für einen Kauf sprechen.

Beispielsweise gibt er dem Kunden die Möglichkeit, das Produkt selbst auszuprobieren. Handelt es sich um Gegenstände, gibt er sie dem Kunden in die Hand. Bei einem Auto wird eine Probefahrt angeboten und bei Computerprogrammen bekommt der Kunde eine Testversion zur Verfügung gestellt. Er kann so seine eigenen Erfahrungen mit dem Produkt machen, die seinen gerade abspulenden Suchprozess nach weiteren positiven Argumenten unterstützen. Im Versicherungs- und Finanzdienstleistungsverkauf gibt es natürlich nicht die Möglichkeit, dass der Kunde das Produkt ausprobiert. Hier sind die Köder-Techniker besonders gefragt.

Der ausgebuffte Köder-Techniker achtet daher immer darauf, dass die Köderinformation zuvor nicht zu hoch angesetzt wurde, da sonst die Gefahr besteht, dass der Kunde sich ausschließlich aufgrund dieser Information für das Produkt entscheidet und bei einer späteren Rücknahme des Köders von der Kaufabsicht abweicht. Dies ist insbesondere dann der Fall, wenn die weiteren positiven Produkt- bzw. Dienstleistungseigenschaften das Köderangebot nicht kompensieren können.

Die Rücknahme des eigentlichen Köders ist der schwierigste Moment der Köder-Technik. Köder-Techniker sind souveräne Schauspieler! Sie signalisieren dem Kunden Unterwürfigkeit, indem sie sich für die vorab genannte falsche Information entschuldigen. Sie teilen dem Kunden mit, dass auch sie einer Fehlinformation aufgesessen seien. Häufig holen sie ihren Vorgesetzten mit ins Boot. Sie sagen, dass dieser ihnen die Fehlinformation vermittelt habe.

Wenn der Köder dann einmal erfolgreich zurückgezogen wurde und der Kunde auch weiterhin Interesse an dem Produkt bzw. der Dienstleistung zeigt, haben die Köder-Techniker aus ihrer Sicht alles richtig gemacht. Dank einer herausragenden schauspielerischen Leistung stehen sie gegenüber dem Kunden wieder einmal als die „Klügeren" da. Sollte Ihnen – als Käufer – jemals ein Köder-Techniker über den Weg laufen, wissen Sie nun Bescheid! Ob Sie – als Verkäufer – solche Techniken einsetzen wollen, entscheiden Sie bitte selbst.

## Der Kaufschalter „Konsistenz" in der Abschlussphase

Auch in der Abschlussphase müssen unentwegt die Konsistenzschalter des Kunden auf „Kauf" gedrückt werden – insbesondere dann, wenn er noch keine klare Kaufäußerung gemacht hat.

Seien Sie in der Abschlussphase der Fuß-in-der-Tür-Techniker und lösen Sie den Kaufentscheidungskonflikt auf eine subtile Art und Weise! Verlangen Sie vom Kunden, dass er sich zunächst auf kleine Teil-Kaufentscheidungen festlegt, die dann zu der abschließend großen Kaufentscheidung führen.

Bitte gehen Sie hier wie folgt vor: Setzen Sie in Ihren Äußerungen gegenüber dem Kunden immer den Kaufabschluss voraus. Unterstellen Sie ihm, dass er sich bereits für einen sofortigen Kauf entschieden hat, auch wenn er ein klares „Ja, ich will kaufen!" noch nicht ausgesprochen hat. Treffen Sie Aussagen wie:

*„Sie haben eine gute Wahl getroffen!"*

oder

*„Damit kommen Sie ab heute in den Genuss aller Vorteile, die wir Ihnen bieten können!"*

Wie wir wissen, ist der Kunde im Verkaufsgespräch in der Regel bemüht, sein Misstrauen gegenüber dem Verkäufer nicht zum Ausdruck zu bringen. Genauso wird es ihm dann auch schwer fallen, einer den Kauf voraussetzenden Aussage des Verkäufers zu widersprechen. Außerdem sind Sie ja bereits eine sympathische, bei Vergleichspersonen des Kunden sozial bewährte Autorität. Gleichzeitig haben Sie schon Geschenke verteilt. Es ist nun wirklich nicht mehr leicht, Ihnen zu widersprechen!

Indem Sie Ihren Tonfall senken und den Blick abwenden, geben Sie dem Kunden zudem die Möglichkeit, diese Aussage „bewusst" zu überhören. Helfen Sie ihm beim Überhören! Wenden Sie sich nach Ihrer Kauf voraussetzenden Äußerung von ihm ab. Suchen Sie in Ihrer Aktentasche nach einer Verkaufsbroschüre, wenden Sie sich kurz an einen Kollegen und geben diesem belanglose Informationen, die Sie jedoch Ihrem Kunden als gerade wichtige Unterbrechung verkaufen. Egal, was Sie tun, verhindern Sie, dass der Kunde der Kaufvoraussetzung widerspricht! Vermitteln Sie sofort im Anschluss an diese Aussage weitere positive Sachinformationen über das Produkt oder die Dienstleistung, so dass Sie dem Kunden keine Möglichkeit geben, auf Ihre Aussage zu antworten!

Durch einen ausbleibenden Widerspruch legt sich der Kunde auf einen tatsächlichen Kauf fest. Obgleich er die Festlegung nicht aktiv, sondern passiv und zudem noch unfreiwillig geäußert hat, ist damit der Grundstein gelegt, auch weitere Bindungen für den Kaufabschluss einzuholen. Hat sich Ihr Kunde innerlich noch nicht für den Kauf entschieden, führt diese Bindung – die Nichtkorrektur der von Ihnen unterstellten Kaufhandlung – zu einer Disharmonie („Klick"). Sofern er Ihre Aussagen nicht korrigiert, legt er sich mehr und mehr passiv auf den Standpunkt „Kauf" fest („Spul"). Dieser Standpunkt ist natürlich in seinem Innern noch nicht so gefestigt wie eine aktive Kaufäußerung. Aber seien Sie sicher: Das Konsistenzband wird bereits abgespult! Um die Festlegungen zu intensivieren, müssen Sie den Kunden unbedingt durch Fragen von passiven zu aktiven Festlegungen bringen, an die er sich infolge des Konsistenzmotivs mehr und mehr gebunden fühlt. Holen Sie sich vom Kunden erste Teilentscheidungen ab.

### Beispiele

▶ *„Der Vermögensplan soll monatlich, vierteljährlich oder jährlich mit Beiträgen gefüllt werden?"*

▶ *„Sollen wir Ihr Altgerät entsorgen?"*

▶ *„Sollen wir die Lieferung übernehmen?"*

Jede Antwort löst beim Kunden aufs Neue das gute, alte „Klick" aus, das das Konsistenzband weiter in Richtung „Kaufen" abspult!

Untermauern Sie diese aktiven Teil-Kaufentscheidungen nun mit weiteren passiven Festlegungen des Kunden, indem Sie die oben beschriebenen aktiven Teilentscheidungen vor seinen Augen direkt in das Auftrags- bzw. Antragsformular eintragen – obwohl er noch keine eindeutige Kaufabsicht geäußert hat. Kommt auch hier kein Widerspruch („Klick"), ist eine Unterschrift des Kunden auf eben diesem Formular am Ende nur noch Makulatur („Spul")!

---

**Tipp**

Versäumen Sie nach dem Verkauf bitte nicht, dem Kunden gleich die Hand zu geben. Nicht um sich zu verabschieden, sondern um das Geschäft mit einem Handschlag zu besiegeln! Dadurch binden Sie ihn symbolisch an die Einhaltung. Der Handschlag zur Kaufbesiegelung stellt eine aktive und öffentliche Festlegung auf den Standpunkt dar, ein Geschäft mit Ihnen eingegangen zu sein (das letzte Konsistenz-„Klick"). Nun beginnt beim Kunden das Abspulen der Argumentationssuche nach dem Kauf, die eine Kaufbestätigung herbeiführen soll und ihn schließlich an das Geschäft bindet!

---

**Übung**

- *Überlegen Sie sich, wie Sie das Auftragsformular bzw. den Antrag in das Verkaufsgespräch mit einbeziehen können. Dieses Schriftstück muss auf dem Tisch liegen und stets gegenwärtig sein.*

- *Bereiten Sie Formulierungen vor, wie Sie sich von Ihrem Kunden erste Teilentscheidungen abholen können, damit Sie diese vor seinen Augen in das Formular eintragen können.*

# 7.4 Zusammenfassung

| Kaufschalter Konsistenz ... | ... in der Einleitungsphase | ... in der Argumentations-phase | ... in der Abschlussphase |
|---|---|---|---|
| Das innere und öffentliche Festlegen auf einen Standpunkt führt zu einem Verhalten gemäß diesem Standpunkt. | Fassen Sie kurz den Grund des Zusammenkommens mit dem Käufer in Form einer geschlossenen Frage zusammen, die durch ihn mit „Ja" beantwortet wird.<br><br>Fragen Sie im Anschluss daran die Bereitschaft zur Zusammenarbeit ab. | Stellen Sie offene Fragen, die den Kunden seine Bedürfnisse wiederholen lassen.<br><br>Fassen Sie die Bedürfnisse zusammen und fragen Sie diese Zusammenfassung mit einer geschlossenen Frage auf Richtigkeit ab.<br><br>Verknüpfen Sie die Bedürfniszusammen-fassung mit einer Kaufvorgabe.<br><br>Wenden Sie ggf. die Köder-Technik an. | Setzen Sie in Ihren Äußerungen gegenüber dem Kunden immer den Kaufabschluss voraus.<br><br>Holen Sie sich vom Kunden erste Teilentscheidungen ab.<br><br>Tragen Sie die Teilentscheidungen direkt in das Antrags- bzw. Auftragsformular ein.<br><br>Besiegeln Sie das Geschäft mit einem Händedruck. |

# 8. Kaufschalter „Knappheit" und „Kontrasteffekt" – Nichts ist, wie es scheint

*„Da ist doch viel mehr drin, als Sie dachten. Oder?"*

## 8.1 Die Verzerrung der Wahrnehmung

Nachdem wir in den vorangegangenen Kapiteln Beeinflussungstechniken der sozialpsychologischen Ebene kennen gelernt
haben, kommen wir nun zu Techniken der wahrnehmungspsy-

chologischen Ebene. Diese lassen sich in wesentlich kürzerer Form abhandeln. Am Ende dieses Kapitels wird daher auf eine Zusammenfassung verzichtet. Die wahrnehmungspsychologischen Beeinflussungstechniken haben lediglich eine unterstützende Wirkung. Wir können daher dieses letzte Kapitel durchaus als Feinschliff des bisher Gelernten bezeichnen.

Was bedeutet Wahrnehmung? Wahrnehmung bezeichnet den Vorgang, durch den der Mensch Informationen über seine Umwelt und seinen eigenen Zustand aufnimmt und verarbeitet. Die Folge sind Empfindungen und Vorstellungen über die Umwelt sowie über die eigene Person. Es kann zwischen der Wahrnehmung von Körperzuständen und Gegenstandswahrnehmung unterschieden werden. Die Wahrnehmung von Körperzuständen bezieht sich auf Reize, die von innen wahrgenommen werden, während die Gegenstandswahrnehmung alle Reize, die von außen auf den Körper eintreffen, beinhaltet[108].

Die Gliederung, Ordnung und Interpretation des Wahrgenommenen erfolgt in unserer Steuerzentrale – dem Gehirn – spontan nach Regeln und Gesetzmäßigkeiten, die Sie zu Beeinflussungstechniken instrumentalisieren können[109].

Wichtige wahrnehmungspsychologische Beeinflussungstechniken für den Verkauf sind die **Kontrasteffekt-Technik** und die **Knappheitstechnik**. Die Kontrasteffekt-Technik ist ein Instrument der Gegenstandwahrnehmung und die Knappheitstechnik löst einen Körperzustand aus, den Ihr Kunde von innen wahrnimmt.

Der **Kontrasteffekt** bezeichnet das unterschiedliche Erleben von zwei Reizen, die unmittelbar nacheinander auf uns Menschen einwirken. Der erste Reiz fungiert dabei als Ankerstimulus für die Beurteilung des folgenden Reizes. Insbesondere psychophysikalische Urteile über Gewichte und Lautstärken können einen starken Kontrasteffekt aufweisen. Wird zunächst ein leichter Gegenstand (Ankerstimulus) hochgehoben und dann ein Gegenstand mit höherem Gewicht, so wird dieses Gewicht subjektiv höher eingeschätzt als das tatsächliche Gewicht und umgekehrt. Analog werden Urteile über Lautstärken und alle anderen Wahrnehmungen gebildet, wenn Ankerstimuli in Form von Bezugsobjekten vorhanden sind[110]. Wenn ich Ihnen im Kapitel 6 „Kaufschalter ‚Autorität'" also gesagt habe, dass Sie Ihrem Kunden in einem etwas lauteren Tonfall die Anweisung zum „Kaufen" geben sollen, dann reicht – nach dem, was Sie gerade gelesen haben – durchaus eine leichte Erhöhung der Lautstärke aus. Beherzigen Sie diesen Aspekt bitte, wenn Sie den Autoritätsschalter drücken. Erhöhen Sie Ihren Tonfall zu sehr, kann sich der Kunde „angeschrien" fühlen.

Die **Knappheitstechnik** beruht auf zwei wesentlichen Faktoren. Erstens sind wir Menschen bemüht, auf möglichst unkomplizierte und schnelle Art und Weise Entscheidungen zu treffen. Wir handeln daher in vielen Situationen aufgrund von Faustregeln. Die Knappheitstechnik ist eine Variante der Faustregel, dass teure. Produkte auch gute Produkte sind. Genauso veranlasst uns eine wahrgenommene geringe Verfügbarkeit von Dingen zu dem Glauben, dass diese besser sind als solche, die leicht zu bekommen sind. Zweitens bedeutet eine Einschränkung der Erreichbarkeit einen Verlust von Freiheiten[111]. Nehmen wir eine Einschränkung der Verhaltensfreiheit wahr, sind wir motiviert, uns der Einengung zu widersetzen bzw. eine erfolgte Einengung rückgängig zu machen. Diese Motivation wird Reaktanz genannt und ist Kern der Reaktanztheorie[112]. Daher werden Produkte vielfach künstlich verknappt. Häufig werden limitierte Auflagen angeboten, um Reaktanz auszulösen. Die Reaktanz führt dann zu einem Kauf des Produkts. Eine solche Verknappung entspricht der Technik der kleinen Menge. Eine andere Version der Knappheitstechnik ist die Fristentaktik. Bei der Fristentaktik wird dem Kunden deutlich gemacht, dass ein Angebot nur für eine bestimmte Zeit gültig ist. Dem Kunden soll so die Zeit genommen werden, lange zu überlegen[113].

Der Vollständigkeit halber muss ich Sie an dieser Stelle warnen. Die Knappheitstechnik ist ein zweischneidiges Schwert! Der Konsumforscher Werner Kroeber-Riehl weist darauf hin, dass eine Verknappung von Produkten nicht nur zu einer Reaktanz führt, die einen Produktkauf auslöst, sondern vielmehr entgegengesetztes Verhalten bewirken kann. Dies wird insbesondere dann erfolgen, wenn der Kunde die Limitierung der Produkte als Beeinflussungsversuch erkennt. Er fühlt sich dadurch in seiner Entscheidungsfreiheit eingeengt und widersetzt sich dieser Einengung durch einen Nichtkauf[114].

## 8.2 So betätigen Sie die „Kontrasteffekt-" und „Knappheitsschalter" im Verkaufsgespräch

Eigentlich wissen Sie schon, wie Sie den **Kontrasteffekt** als Beeinflussungstechnik anwenden. Richtig, er ist ein integrativer Bestandteil der Tür-ins-Gesicht-Technik. Die kleineren Forderungen im Anschluss an eine überhöhte Forderung werden durch das Vorhandensein des Ankerstimulus (erste erhöhte Forderung) als subjektiv geringer als tatsächlich wahrgenommen.

Die Tür-ins-Gesicht-Technik liefert allerdings noch weitere Möglichkeiten, den Kontrasteffekt anzuwenden. Sie erinnern sich, dass Sie dem Kunden das höchstmöglich verkaufbare Produkt verkaufen möchten. Zeigen Sie ihm daher offen die verschiedenen Produktalternativen. Er soll die in der Argumentationsphase angeführten Unterschiede sehen und fühlen können. Nur so wird die Wirkung des Kontrasteffektes gewährleistet. Gleiches gilt bei einem Vergleich mit Konkurrenzprodukten. Können Sie jedoch nicht auf ein Konkurrenzprodukt zurückgreifen, sollten Sie wenigstens einen Katalog des Wettbewerbers parat haben. Eine andere Möglichkeit, den Kontrasteffekt bei einem Vergleich mit Mitbewerberprodukten zu nutzen, sind die Testergebnisse von Verbraucherschutzverbänden, TÜV-Studien oder auch Untersuchungen anderer unabhängiger Organisationen, wenn Expertenbeweise zum Wirksamwerden des Autoritätsprinzips angetreten werden. Eine Gegenüberstellung empfiehlt sich allerdings nur, wenn das Testergebnis des Wettbewerbers stark vom Ergebnis Ihrer Produkte oder Dienstleistungen abweicht (zu Ihrem Vorteil natürlich).

Außer der Argumentationsphase eignet sich die Abschlussphase hervorragend für die Anwendung des Kontrasteffektschalters. Ein wesentliches Merkmal der Abschlussphase sind Preisverhandlungen. Wenn Ihnen also der Kunde die Frage nach dem Preis stellt, könnten Sie vor der Nennung nochmals alle Produkt- oder Dienstleistungsmerkmale aufzählen und dann schließlich den Preis nennen. Wenn Sie so vorgehen, erscheint der Preis dem Kunden etwas kleiner. Sie können aber gleich noch einmal den Kontrast-effektschalter drücken, indem Sie die Gesamtkosten auf Stück-kosten der Produkte oder eine Monatsprämie auf die Tagesprä-mie Ihrer Dienstleistung herunterbrechen.

Der Gesamtpreis dient als Ankerstimulus und lässt den auf ein Minimum heruntergebrochenen Stückpreis bzw. die Tagesprämie verschwindend gering erscheinen. Und wenn Sie nach der Nen-nung der äußerst geringen Stückkosten bzw. der Tagesprämie anstelle der Gesamtkosten nun auch noch die Das-ist-noch-nicht-alles-Technik (Reziprozitätsklick) hinterherschieben, was soll Ihnen dann noch passieren? Im schlimmsten Fall werden Sie ver-kaufen!

Sie können den Kontrasteffektschalter außerdem nutzen, um klei-ne Extras an den Mann zu bringen. Aus meiner Verkaufspraxis weiß ich, dass ein gerade gelungener Verkauf den Verkäufer ani-miert, den Ort des Geschehens schnellstmöglich mit der Unter-schrift zu verlassen. Das ist allerdings nicht richtig. Nutzen Sie den soeben gelungenen Verkauf für das immer wieder gelobte **Cross-Selling**. Rennen Sie also nicht sofort freudestrahlend weg, sondern machen Sie genau da weiter, wo Sie gerade aufge-hört haben. Mit dem Verkaufen! Und das machen Sie am besten mit dem Kontrasteffektschalter. Bieten Sie Ihrem Kunden nun auch noch kleine Zubehörteile an. Auch wenn dieses Zubehör grundsätzlich sehr teuer ist, haben Sie gute Chancen, dass die Preise im Verhältnis zu dem Grundprodukt wesentlich günstiger erscheinen. Das Grundprodukt fungiert dabei als Ankerstimulus und verzerrt die Preise der teuren Extras zu vermeintlich kleineren Preisen[115].

Ein guter Freund und erfolgreicher Geschäftsmann erzählte mir kürzlich vom Kauf eines neuen Wagens. Er lieferte mir mit seiner Geschichte ein sehr gutes Beispiel für einen Verkäufer, der die Anwendung des Kontrasteffektschalters auf die Spitze trieb.

Als ich meinen Freund fragte, warum er sich für diese Marke ent-schieden habe, erklärte er mir, dass er früher einmal beim Kauf eines anderen Firmenwagens einen Verkäufer kennen gelernt habe, der ihm sehr sympathisch war. Aus diesem Grund habe er dann auch bei der nächsten anstehenden Kaufentscheidung die-sen Verkäufer und damit die entsprechende Automarke gewählt.

Erinnern Sie sich an dieser Stelle wieder einmal an den Kaufschalter „Sympathie". Mein Freund ist zudem noch dem Kontrasteffektschalter verfallen. Das Ergebnis war ein Wagen mit allen Extras! Ja, mit fast allen Extras. Lediglich eine kleine Sache fehlte noch: das Faxgerät im Kofferraum. Der Autoverkäufer hatte nach der Wahl des entsprechenden Autotypen, der in der Grundausstattung etwa 50 000 Euro kostet, den Verkauf der Extras so weit getrieben, dass der Preis inklusive aller dann verkauften Extras bereits 84 000 Euro betrug. Der Wagen beinhaltete nun sämtlichen Schnickschnack, den sich ein Autofanatiker nur so erträumen kann. Nun wollte der Verkäufer noch eins draufsetzen und pries das eben erwähnte Faxgerät im Kofferraum an. Dieses zusätzliche Extra sollte allerdings 6 000 Euro kosten. Hier zog mein Freund schließlich die Notbremse. Das Ergebnis war ein All-Inclusive-Auto – allerdings ohne Faxgerät im Kofferraum. Ich bin mir sicher, dass das Faxgerät ebenfalls hätte verkauft werden können, wenn es irgendwo zwischen dem Sportfahrwerk und der Lederausstattung genannt worden wäre. Da es allerdings als Letztes und direkt nach dem variabel einstellbaren Transportgestänge für die Ladefläche des Kombis angeboten wurde, war die Wirkung des Grundpreises als Ankerstimulus nicht mehr so groß, so dass sich der Autopilot meines Freundes an dieser Stelle wieder ausschaltete und er sich rational für einen Nichtkauf entschied. Nichtsdestotrotz: Den Preis von 50 000 auf 84 000 Euro hochzujagen, ist doch schon einmal was, oder? Da schlägt jedes Verkäuferherz höher!

## Übung

- *In welchen aktuellen Tests unabhängiger Organisationen, in denen Ihre Produkte oder Dienstleistungen untersucht wurden, hat Ihr Unternehmen wesentlich besser abgeschnitten als die Mitbewerber?*
- *Berechnen Sie anstelle der Gesamtkosten Ihres Produkts oder Ihrer Dienstleistung die Stückkosten oder Tagesprämien.*
- *Überlegen Sie sich kleine Extras, die Sie im Rahmen des CrossSelling anbieten.*

Zeigen Sie Ihrem Kunden Nachteile für den Fall auf, dass es zu diesem Zeitpunkt nicht zu einem Kauf kommt, dann wenden Sie die **Knappheitstechnik** an. Sie können beim Kunden so Reaktanz auslösen. Hierzu stehen Ihnen zwei Wege zur Verfügung. Über die Technik der kleinen Menge verweisen Sie auf eine gering vorhandene Stückzahl Ihrer Produkte. Ist die geringe Verfügbarkeit auf Dauer abzusehen, so weisen Sie Ihren Kunden bitte explizit auf diesen Sachverhalt hin. Die Fristentaktik müssen Sie anwenden, wenn Ihr Angebot nur für eine bestimmte Zeit Gültigkeit hat. Auch hier müssen Sie dem Kunden den Hinweis geben, dass ein solches Angebot in der Zukunft nicht mehr zu bekommen ist. In beiden Fällen schränken Sie die Freiheit des Kunden dahingehend ein, dass er Ihr Angebot nicht mehr zu jedem anderen Zeitpunkt und auch nicht mehr zu diesem Preis erwerben kann. Sie motivieren ihn damit, sich durch einen sofortigen Kauf dieser Einschränkung zu entziehen. Auch hier können Sie mit dieser Technik das Drücken der Kaufschalter „soziale Bewährtheit" und „Autorität" unterstützen.

**Beispiel**

*„Auch Herr Dr. Meier, der unumstritten Experte auf diesem Gebiet ist, konnte sich noch ein solches Produkt sichern." („Autorität")*

oder

*„Bisher konnten sich schon viele Unternehmen Ihrer Branche die Vorteile unseres Angebots sichern. Langsam wird es knapp." („soziale Bewährtheit")*

Wenn Sie noch einmal ausdrücklich die Vorteile eines sofortigen Kaufs den Nachteilen eines späteren Kaufs gegenüberstellen, drücken Sie hier auch noch einmal den Kontrasteffektschalter, um die durch die Reaktanz ausgelöste Kaufmotivation Ihres Kunden zu verstärken.

Bitte achten Sie bei der Anwendung des Knappheitsschalters darauf, dass Ihr Kunde das Drücken dieses Schalters nicht bemerkt! Wenn Sie den Sympathieschalter und den Reziprozitätsschalter betätigen, ist es noch nicht so tragisch, falls der Kunde den Beeinflussungsversuch erkennt. Er wird nicht direkt mit einem

Nichtkauf antworten, wenn Sie ein Kompliment oder ein ungebetenes Geschenk machen. Ganz im Gegenteil, diese Schalter wirken dann immer noch – wenn auch die Schlagkraft etwas nachlässt. Bei der Knappheitstechnik hingegen werden Sie direkt durch einen Nichtkauf bestraft, falls Sie auffliegen! Nutzen Sie das gerade Gelernte also ausschließlich, um „scharf zu schießen". Das können Sie ja nun, denn wir sind am Ende dieses Buches angelangt!

## Übung

- *Überlegen Sie sich, wie Sie Ihre Angebote materiell oder zeitlich befristen können. Achten Sie darauf, dass es sich um wirkliche Befristungen handelt. Wiederholen Sie diese Befristungen nicht zu oft, da bestehende Kunden sonst im Nachhinein die Knappheitstechnik erkennen können. Sie riskieren so Kundenunzufriedenheit!*

# Nachwort

Sie haben es geschafft! Nun sind Sie Scharfschütze mit den „Waffen der Einflussnahme"! Sie sind darüber hinaus viel glücklicher, da Sie täglich die Lächelübung durchführen, Sie sind gesünder, da Sie täglich einen geraden und aufrechten Gang üben, und das Beste: Sie haben künftig mehr Umsätze und damit auch mehr Geld!

Dennoch möchte ich Ihnen an dieser Stelle – ich weiß, Sie können es nicht mehr lesen, aber es muss sein – nochmals sagen: **Wenden Sie Ihre Beeinflussungsversuche immer nur dann an, wenn Sie die Ergebnisse, die Sie damit erzielen möchten, auch vertreten können.**

Sie als Verkäufer sollten sich immer verinnerlichen, dass sich ein Verkauf um des Verkaufens willen auf Dauer nicht auszahlen wird. Neben einer gesunden Verkaufsorientierung dürfen Sie die Kundenorientierung nie außer Acht lassen! Seien Sie sich darüber im Klaren, dass Beeinflussungsversuche bei jedem Kunden mehr oder weniger stark wirken. Sicher ist jedoch eins: Je besser Sie die Techniken anwenden, desto intensiver werden sie wirken!

Bevor Sie sich entschließen, die von mir genannten Techniken anzuwenden, sollten Sie sich bewusst machen, dass Sie nicht als Beeinflusser erkannt werden dürfen. Fehlende Übung oder ein unangemessener Einsatz können den Kunden schnell einen Beeinflussungsversuch erkennen lassen!

Deshalb der Tipp: Bereiten Sie sich auf einen Verkaufstermin nicht nur fachlich vor, sondern planen Sie auch die anzuwendenden Techniken genau. Es macht Sinn, dass Sie sich in Ihrer Anfangszeit als Beeinflusser im Vorfeld die jeweiligen beeinflussenden Sätze zurechtlegen und üben, diese so zu sprechen, dass sie nicht wie „auswendig gelernt" klingen. Sie haben so die Möglichkeit, sie immer dann im Verkaufsgespräch anzubringen, wenn die jeweilige Situation es zulässt. Natürlich, für eine richtige Anwendung verlange ich Ihnen eine gute und zunächst vielleicht fast unmöglich erscheinende schauspielerische Leistung ab. Insbesondere beim Aufbau von langfristigen Kundenbeziehungen kann dies dazu führen, dass Ihre „wahre" Persönlichkeit bei späteren

Kontakten mit dem Kunden zum Vorschein kommt. Bleiben Sie deshalb grundsätzlich Ihrer Persönlichkeit treu und arbeiten Sie daran, mit dem Wissen über die Beeinflussungstechniken die eigenen Stärken stetig aus- und die Schwächen abzubauen. Wenn Sie das beherzigen, werden Sie nach jedem Verkaufsgespräch ein Stück mehr ein Verkäufer mit Herzblut sein, der sich vor Erfolg kaum noch retten kann!

In diesem Sinne: Ich wünsche Ihnen für die Zukunft alles erdenklich Gute und vor allem ein gutes Gelingen!

# Quellen

1  Vgl. Kroeber-Riehl/Behrens/Dombrowski (1998), S. 33ff.
2  Vgl. Kröber-Riehl/Weinberg (1999), S. 654ff.
3  Vgl. Behrens (1998), S. 10ff.
4  Vgl. Cialdini (2002), S. 23
5  Vgl. Behrens (1991), S. 95
6  Vgl. Stroebe/Hewstone/Stephenson (1996), S. 624
7  Vgl. Cialdini (2002), S. 23f.
8  Vgl. Behrens (1991), S. 255
9  Vgl. Behrens (1998), S. 11
10  Vgl. Rothbart/Taylor (1992), S. 12
11  Vgl. Behrens (1998), S. 11
12  Vgl. Mandler (1984), S.1
13  Vgl. Schank/Abelson (1977), S. 42ff.
14  Vgl. Abelson (1981), S. 719
15  Vgl. Aaker (1991), S. 99f.
16  Vgl. Cialdini (2002), S. 17
17  Vgl. Cialdini (2002), S. 21ff.
18  Vgl. Wöhe/Döring (2000), S. 517ff.
19  Vgl. Kroeber-Riehl/Weinberg (1999), S. 499
20  Vgl. Kroeber-Riehl/Weinberg (1999), S. 500f.
21  Vgl. Schorsack (1998), S. 56f.
22  Vgl. Fischer (1982), S. 102ff.
23  Vgl. Weinberg (1986), S. 88
24  Vgl. Fischer (1982), S. 102ff.
25  Vgl. Weis (1998), S. 50
26  Vgl. Fischer (1982), S. 102ff.
27  Vgl. Weis (1994), 178f.
28  Vgl. Fischer (1982), S. 102ff.
29  Vgl. Weinberg (1986), S. 90
30  Vgl. Lewicki/Hiam/Olander (1998), S. 148
31  Vgl. Saegert/Swap/Zajonc (1973), S. 236ff.
32  Vgl. Cialdini (2002), S. 224ff.
33  Vgl. Lewicki/Hiam/Olander (1998), S.102f.
34  Vgl. Kroeber-Riehl (1998), S. 166f.
35  Vgl. Bierhoff (2000), S. 41f.
36  Vgl. Meyer (1998), S. 111
37  Vgl. Dorsch/Häcker/Stapf (1994), S. 318
38  Vgl. West/Wicklund (1985), S. 73ff.
39  Vgl. Downs/Lyons (1991), S. 541ff.
40  Vgl. Bierhoff (2000), S. 53
41  Vgl. Buunk (1996), S. 376
42  Vgl. Forgas (1995), S. 199
43  Vgl. Meyer (1998), S. 116ff.
44  Vgl. Forgas (1995), S. 198

45 Vgl. Behrens (1991), S. 268ff.
46 Vgl. Behrens (1991), S. 268ff.
47 Vgl. Behrens (1991), S. 258f.
48 Vgl. Cialdini (2002), S. 241f.
49 Vgl. Meyer (1998), S. 105ff.
50 Vgl. Cialdini (2002), S. 240ff.
51 Vgl. Cialdini (2002), S..241
52 Vgl. Cialdini (2002), S. 44
53 Vgl. Behrens (1998), S.15f.
54 Vgl. Behrens (1991), S. 28
55 Vgl. Leaky/Lewin (1993), insbesondere die Seiten 179ff.
56 Vgl. Ridley (1999), S. 60
57 Vgl. Cialdini (2002), S. 45f.
58 Vgl. Ridley (1999), S. 59
59 Vgl. West/Wicklund (1985), S. 94ff.
60 Vgl. Paese/Gilin (2000), S. 80f.
61 Vgl. Warriner/Goyder/Gjertsen/Hohner/McSpurren (1996), S. 545ff.
62 Vgl. James/Bolstein (1992), S. 444ff.
63 Vgl. Cialdini (2002), S. 54ff.
64 Vgl. Gergen/Ellsworth/Maslach/Seipel (1975), S. 390ff.
65 Vgl. O'Keefe (1990), S. 171f.
66 Vgl. Cialdini (2002), S. 67ff.
67 Vgl. Bierhoff (2000), S. 396
68 Vgl. Cialdini (2002), S. 69
69 Vgl. Benton/Kelley/Liebling (1972), S. 75ff.
70 Vgl. Cialdini (2002), S. 67ff.
71 Vgl. auch Cialdini (2002), S.71f.
72 Vgl. Behrens (1998), S.15
73 Vgl. West/Wicklund (1985), S. 158
74 Vgl. Sherif (1966), S. 89ff.
75 Vgl. Jacobs/Campbell (1961), S. 650ff.
76 Vgl. West/Wicklund (1985), S. 158f.
77 Vgl. Avermaet (1996), S. 509f.
78 Vgl. Cialdini (2002), S. 184
79 Vgl. Behrens (1998), S. 17
80 Vgl. Behrens (1998), S. 14
81 Vgl. Behrens (1998), S. 14
82 Vgl. Eibl-Eibesfeldt (1987), S. 596
83 Vgl. Chance/Larsen (1976), S. 206f.
84 Vgl. Eibl-Eibesfeldt (1987), S. 762
85 Vgl. Eibl-Eibesfeldt (1987), S. 766
86 Vgl. Milgram (1974), S. 17ff.
87 Vgl. Milgram (1974), S. 159
88 Vgl. Milgram (1974), S. 156ff.
89 Vgl. Cialdini (2002), S. 287
90 Vgl. French Jr./Raven (1959), S. 155f.
91 Vgl. Behrens (1998), S. 15

92 Vgl. Cialdini (2002), S. 271ff.
93 Vgl. Eibl-Eibesfeldt (1987), S. 766
94 Vgl. Cialdini (2002), S. 277
95 Vgl. Cialdini (2002), S. 283
96 Vgl. Scherer/Wallbott (1979), S. 62f.
97 Vgl. Festinger (1978), S. 15ff.
98 Vgl. Fazio/Blascovich/Driscoll (1992), S. 398ff.
99 Vgl. Cialdini (2002), S. 92ff.
100 Vgl. Cialdini (2002), S. 92
101 Vgl. Hewstone/Fincham (1996), S. 179
102 Vgl. Schlenker/Dlugolecki/Doherty (1994), S. 20ff.
103 Vgl. O`Keefe (1990), S. 169
104 Vgl. Cialdini (2002), S. 107ff.
105 Vgl. Cialdini (2002), S. 133
106 Vgl. Lewicki/Hiam/Olander (1998), S. 147f.
107 Vgl. Cialdini (2002), S. 135
108 Vgl. Behrens (1991), S. 130f.
109 Vgl. Behrens (1998), S. 18
110 Vgl. Bierhoff (2000), S. 295
111 Vgl. Cialdini (2002), S. 299f.
112 Vgl. Kroeber-Riehl/Weinberg (1999), S. 206
113 Vgl. Behrens (1998), S. 18f.
114 Vgl. Kroeber-Riehl/Weinberg (1999), S. 208f.
115 Vgl. Cialdini (2002), S. 34ff.

# Literatur

Aaker, David A.: Managing Brand Equity: capitalizing on the value of a brand name, New York 1991

Abelson, Robert P.: Psychological Status of the Script Concept, American Psychologist, 36/1981

Avermaet, Eddy von: Sozialer Einfluss von Kleingruppen. In: Stroebe, Wolfgang/Hewstone, Miles/Stephenson, Geoffrey M.: Sozialpsychologie – Eine Einführung, 3. erweiterte und überarbeitete Auflage, Berlin u. a. 1996

Bänsch, Axel: Verkaufspsychologie und Verkaufstechnik, 7. überarbeitete Auflage, München und Wien 1998

Behrens, Gerold: Sozialtechniken der Beeinflussung. In: Kroeber-Riehl, Werner/Behrens, Gerold/Dombrowski, Ines: Kommunikative Beeinflussung der Gesellschaft – kontrollierte und unbewusste Anwendung von Sozialtechniken, Wiesbaden 1998

Behrens, Gerold: Konsumentenverhalten, 2. Auflage, Heidelberg 1991

Benton, Alan A./Kelley, Harold H./Liebling, Barry: Effects of Extremity of Offers and Concession Rate on the Outcomes of Bargaining, Journal of Personality and Social Psychology, 24/1972

Bierhoff, Hans-W.: Sozialpsychologie, 5. überarbeitete und erweiterte Auflage, Stuttgart u. a. 2000

Buunk, Bram P.: Affilation, zwischenmenschliche Anziehung und enge Beziehungen. In: Stroebe, Wolfgang/Hewstone, Miles/Stephenson, Geoffrey M.: Sozialpsychologie – Eine Einführung, 3. erweiterte und überarbeitete Auflage, Berlin u. a. 1996

Chance, Michael R. A./Larsen, Ray R.: The Social Structure of Attention, London u. a. 1976

Cialdini, Robert B.: Die Psychologie des Überzeugens, 2. vollständig überarbeitete und erweiterte Auflage, Bern 2002

Dorsch, Friedrich/Häcker, Hartmut/Stapf, Kurt H.: Dorsch Psychologisches Wörterbuch, 12. überarbeitete und erweiterte Auflage, Bern u. a. 1994

Downs, A. Chris/Lyons, Phillip M.: Natural Observations of the Links Between Attractiveness and Initial Legal Judgements, Personality and Social Psychology Bulletin, 17/1991

Eibl-Eibesfeldt, Irenäus: Grundriss der vergleichenden Verhaltensforschung, 7. überarbeitete und erweiterte Auflage, München 1987

Fazio, Russel H./Blascovich, Jim/Driscoll, Denise M.: On the Functional Value of Attitudes: The Influence of Accessible Attitudes on the Ease and Quality of Decision Making, Personality and Social Psychology Bulletin, 18/1992

Festinger, Leon: Theorie der kognitiven Dissonanz, Bern 1978

Fischer, Gert Heinz: Interaktionsstrategie im Absatzmarketing – Grundlagen und Anwendungen, Gernsbach 1982

Forgas, Joseph P.: Soziale Interaktion und Kommunikation – Eine Einführung in die Sozialpsychologie, 3. Auflage, Weinheim 1995

French Jr., John R.P./Raven, Bertram: The Bases of social Power. In: Cartwright, Dorwin: Studies in Social Power, University of Michigan, Michigan 1959

Gergen, Kenneth J./Ellsworth, Phoebe/Maslach, Christina/Seipel, Magnus: Obligation Donor, Resources, and Reactions to Aid in Three Cultures, Journal of Personality and Social Psychologie, 31/1975

Hewstone, Miles/Fincham, Frank: Attributionstheorie und -forschung. In: Stroebe, Wolfgang/Hewstone, Miles/Stephenson, Geoffrey M.: Sozialpsychologie – Eine Einführung, 3. erweiterte und überarbeitete Auflage, Berlin u. a. 1996

Jacobs, Robert C./Campbell, Donald T.: The Perpetuation of an Arbitrary Tradition through several Generations of a Laboratory Microculture, Journal of Abnormal and social Psychology, 62/1961

James, Jeannine M./Bolstein, Richard: Large monetary incentives and their effect on mail survey response rates, Public Opinion Quaterly, 56/Spring 1992

Kroeber-Riehl, Werner: Feindbilder – zur Pathologie zwischenmenschlicher Beziehungen. In: Kroeber-Riehl, Werner/Behrens, Gerold/Dombrowski, Ines: Kommunikative Beeinflussung in der Gesellschaft – kontrollierte und unbewusste Anwendung von Sozialtechniken, Wiesbaden 1998

Kroeber-Riehl, Werner/Behrens, Gerold/Dombrowski, Ines: Kommunikative Beeinflussung in der Gesellschaft – kontrollierte und unbewusste Anwendung von Sozialtechniken, Wiesbaden 1998

Kroeber-Riehl, Werner/Weinberg, Peter: Konsumentenverhalten, 7. Auflage, München 1999

Leaky, Richard/Lewin, Roger: Der Ursprung des Menschen – Auf der Suche nach den Spuren des Humanen, Frankfurt am Main 1993

Lewicki, Roy J./Hiam, Alexander/Olander, Karen W.: Verhandeln mit Strategie – Das große Handbuch der Verhandlungstechniken, St. Gallen und Zürich 1998

Mandler, Jean M.: Stories, scripts, and scenes: Aspects of schema theory, Lawrence Erlbaum Associates, New Jersey u. a. 1984

Meyer, Susanna: Casanova In: Kroeber-Riehl, Werner/Behrens, Gerold/Dombrowski, Ines: Kommunikative Beeinflussung in der Gesellschaft – kontrollierte und unbewusste Anwendung von Sozialtechniken, Wiesbaden 1998

Milgram, Stanley: Das Milgram-Experiment – Zur Gehorsamsbereitschaft gegenüber Autorität, Reinbek bei Hamburg, 1974

O'Keefe, Daniel J.: Persuasion Theory and Research, Newsburry Park 1990

Paese, Paul W./Gilin, Debra A.: When an Adversary Is Caught Telling the Truth – Reciprocal Cooperation Versus Self-Interest in Distributive Bargaining, Personality and social psychology bulletin, 26/2000

Ridley, Matt: Die Biologie der Tugend – Warum es sich lohnt, gut zu sein, Ungekürzte Ausgabe, Berlin 1999

Rothbart, Myron/Taylor, Marjorie: Category Labels and Social Reality: Do We View Social Categories as Natural Kinds? In: Semin, Gün R./Fiedler, Klaus: Language, Interaction and Social Cognition, London u. a. 1992

Saegert, Susan/Swap, Walter/Zajonc, R. B.: Exposure, Context, and Interpersonal Attraction, Journal of Personality and Social Psychology, 25/1973

Schank, Roger C./Abelson, Robert P.: Scripts Plans Goals and Understanding, Lawrence Erlbaum Associates Inc., Hillsdale 1977

Scherer, Klaus R./Wallbott, Harald G.: Nonverbale Kommunikation: Forschungsberichte zum Interaktionsverhalten, Weinheim und Basel 1979

Schlenker, Barry R./Dlugolecki, David W./Doherty, Kevin: The Impact of Self-Presentations on Self-Appraisals and Behavior: The Power of Public Commitment, Personality and Social Psychology Bulletin, 20/1994

Schorsack, Alexander: Die soziale Steuerung im Verkaufsgespräch, Münster 1998

Sherif , Muzafer: The Psychology of Social Norms, New York 1966

Stroebe, Wolfgang/Hewstone, Miles/Stephenson, Geoffrey M.: Sozialpsychologie – Eine Einführung, 3. erweiterte und überarbeitete Auflage, Berlin u. a. 1996

Warriner, Keith/Goyder, John/Gjertsen, Heidi/Hohner, Paula/McSpurren, Kathleen: Charities, no; Lotteries, no; Cash, yes, Public Opinion Quaterly, 60/Spring 1996

Weinberg, Peter: Nonverbale Marktkommunikation, Heidelberg 1986

Weis, Hans C.: Verkaufsgesprächsführung, 2. überarbeitete und erweiterte Auflage, Ludwigshafen 1994

West, Stephen G./Wicklund, Robert A.: Einführung in sozialpsychologisches Denken, Weinheim und Basel 1985

Wöhe, Günther/Döring, Ulrich: Einführung in die Allgemeine Betriebswirtschaftslehre, 20. neubearbeitete Auflage, München 2000

# Der Autor

**Ralf-Peter Prack** ist Verkäufer für Versicherungen und Finanzdienstleistungen. Nach seiner Ausbildung zum Versicherungskaufmann war er drei Jahre im Innendienst einer Versicherung tätig. Danach studierte er Wirtschaftswissenschaften an der Bergischen Universität Wuppertal und absolvierte gleichzeitig den Studiengang zum Kommunikationswirt an der Tertia Akademie in Düsseldorf. In beiden Studiengängen widmete er sich konsequent dem Themenbereich der Absatzwirtschaft eines Unternehmens, hier insbesondere dem persönlichen Verkauf.

Das innerhalb der Studiengänge erworbene Wissen über die Verkaufsgesprächsführung nutzte er, um sich in seinem alten Beruf erfolgreich als Verkäufer für Versicherungen und Finanzdienstleistungen selbstständig zu machen.

Wenn Sie Kontakt mit dem Autor aufnehmen möchten, besuchen Sie seine Website unter: www.beeinflussung-im-verkauf.de.